정원을
가꾸는

오래된
지_혜

정원을
가꾸는

오래된
지_혜

다이애나 퍼거슨 지음ㅡ안솔비 옮김

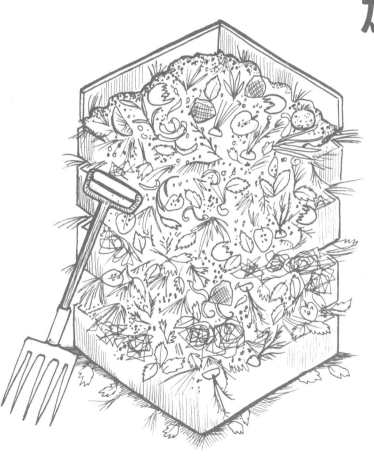

정원 가꾸기의 기쁨을 깨달은 나의 두 딸

블랜치와 샬럿에게

차례

하루를 행복하고 싶다면 술을 마셔라.

한 달을 행복하고 싶다면 결혼을 해라.

평생을 행복하고 싶다면 정원을 가꿔라.

-중국 속담

들어가며

정원을 서성거리며 봄 구근식물을 심고 채소를 재배할 때, 우리는 중요한 전통 하나를 이어나가게 된다. 이 전통은 단순히 우리의 할머니, 할아버지 세대나 그 위 세대에 그치지 않고 인류의 문명이 시작되었던 때까지 거슬러 올라간다.

선사시대로 시간을 돌려보자. 인류 진화의 단계 중에서 당시 인간은 유목 생활을 하는 수렵채집인이었다. 고기를 얻기 위해 야생동물을 사냥하든 먹을 수 있는 식물을 찾아다니든 식량 공급은 그들이 수렵하고 채집한 것에 의존할 수밖에 없었다. 그렇다고 해서 당시 인류가 단순한 미각을 지녔거나 양념을 더해 맛있게 먹으려는 노력조차 하지 않았다는 뜻은 아니다. 고고학자들은 과거의 인류가 고기와 함께 겨자씨를 씹어 먹었다는 증거를 발견하기도 했다. 하지만 여전히 환경에 대한 통제력은 거의 없었고, 그래서 예측할 수 없는 자연의 지배 속에서 살아야만 했다.

그리고 지금으로부터 1만 년 전쯤, 인류는 번뜩이는 깨달음을 얻게 된다. 〈인간 등정의 발자취(The Ascent of Man)〉(1973)라는 TV 다큐멘터리 시리즈의 작가이자 진행자였던 역사학자 겸 수학자 야코프 브로노프스키(Jacob Bronowski) 박사의 말에 따르면, 이전에는 채집밖에 할 수 없었던 인류가 야생 곡식을 재배하는 법을 처음 알게 되면서 이 시기가 도래했다고 한다. 바로 농사, 그리고 원예가 탄생하게 된 시기다. 말을 사육하면서 과거에는 상상도 할 수 없던 속도로 이동할 수 있게 되고, 또 바퀴의 발명으로 생활 자체를 완전히 바꿀 운송 수단이 탄생한 것처럼 농작물을 재배하는 기술 역시 인류에게 매우 중요한 도약이었다.

한번 생각해보자. 식량을 직접 재배한다는 것은 한 곳에 정착할 수 있다는 뜻이다. 이제 더는 야생 허브나 식용식물을 찾으러 돌아다닐 필요가 없어진 것이다. 한 곳에 머무르게 되면서 그만큼 시간도 많아졌다. 이전에는 항상 이동해야 하고 짐을 줄여야 했던 인류는 한 곳에 정착하고, 집을 지어 모여 살고, 오래 간직할 장식품도 만들면서 점차 문화를 발달시키게 된다. 집을 지어 살던 촌락이 마을이 되고 도시로 변하면서 마침내 문명이 탄생하게 되었다. ('문명(civilization)'이라는 단어는 라틴어로 도시를 뜻하는 'civitas'

에서 유래되었다.)

곡식을 재배하던 방식을 다른 식물에도 적용하면서 점차 오늘날 우리가 알고 있는 원예의 형태가 생겨나기 시작했다. 인류 초기 재배자의 원예 지식은 몇 세기 동안 세대를 거쳐 전해져 내려왔다. 오랜 지혜의 관리자인 원예 베테랑들은 책을 통해서가 아니라 직접 경험하거나 윗사람에게 배우면서 전문지식을 습득했다. 그리고 이들도 같은 방식으로 다른 사람에게 그 지식을 나누어주었다.

유명한 원예가들 역시 원예를 향한 사랑은 원예학과에서가 아니라 할머니, 할아버지 곁에서 싹틀 수 있었다고 말했다. 그들은 씨앗이라는 작고 까만 알갱이에서 생명을 틔우는 마법의 비밀을 배웠던 것이다.

그렇다면 유서 깊은 원예 지혜의 보고와 같은 이 베테랑 정원사들은 도대체 누구인가? 그들은 아주 오래전 작은 땅에서 직접 채소와 허브, 꽃을 길렀던 평범한 사람들이고, 그들의 후손이 오늘날 우리 주변에 존재한다. 어쩌면 당신도 한두 명쯤은 알고 있을지 모른다. 당신의 조부모님이거나, 날씨가 좋으나 나쁘나 늘 정원에 나가면서 당신이 상상하는 것 이상으로 식물에 대해 많이 알고 있는 '노부인'이거나, 또는 주말농장이나 온실을 관리하는 모습을 본 적 있는 말수 적은 '할아버지'일 수도 있다.

영리하고, 검소하고, 경험 많고, 지식 많고, 상식이 풍부한 원예

전문가들은 원예 기술을 현실적으로 바라본다. 게다가 대자연이 (그리고 주방 찬장에서도) 알아서 필요한 도움과 재료를 제공해주기 때문에 값비싼 원예물품이나 화학약품에 돈을 많이 쓸 필요가 없다는 것도 잘 알고 있다. 이들의 '오래된 방식'은 아이러니하게도 오늘날 '새로운 방식'으로 받아들여진다. 그들은 유기농이라는 용어가 생겨나기도 전부터 유기농 원예를 실천했기 때문이다. 당신의 정원이 커다란 시골 정원이든, 도시의 작은 땅이든, 아니면 발코니나 창가 화단이든 상관없이 오랜 원칙들은 여전히 유의미하다.

사람들은 정원에서 땅을 파거나 식물을 심고 가지를 다듬을 때 영혼도 함께 살찌고 있다는 사실을 잘 모른다. 사실 원예는 신체적인 활동이면서 동시에 정신적인 체험이다. 정원에서 묵묵히 일하거나 또는 발코니에서 화분을 돌보기만 해도 마치 명상을 하듯 일상의 분주함과 압박감에서 벗어나는 휴식을 경험할 수 있다.

한 연구에서 밝혀낸 바에 따르면, 정원을 가꾸거나 자연에서 시간을 보낸 사람들이 신체적으로 더 건강하고 정신적 만족감도 높다고 한다. 요즘에는 의사도 환자에게 '녹색 처방'을 내려서 불안감과 우울, 외로움을 치료할 수 있도록 원예 활동을 하거나 공원이나 녹지를 방문할 것을 권유하고 있다.

자, 이제 다음부터 정원을 가꿀 때면 그 경험을 오롯이 만끽하는 시간을 가져보자. 서리가 내린 아침에 커피 한잔과 함께 잠시 앉아 있거나, 따뜻한 봄날 지저귀는 새소리에 귀를 기울여보자.
그리고 역사상 가장 오래된 치유의 원천, 자연 그 자체와 교감을
다시 나누어보자. 분명 좋은 경험이 될 것이다.

도구 자체에는 매력적인 면이 있다. 누군가는 도구의 친절함 덕분에 머리가

시키는 대로 손이 일을 할 수 있다고 말한다. 더 나아가 깊은 존경심을 갖는

이도 있다. 도구가 없다면 머리와 손은 아무것도 할 수 없을 것이다.

-거트루드 지킬

1

정원사의 연장

과거의 원예는 무엇보다도 실용성과 절약정신이 가장 중요했다. 이를 두 문장으로 요약하면 다음과 같다.

"낭비하지 않으면 부족하지도 않다."

"수리하여 오래 사용하자."

옛날 정원사들은 요즘처럼 쉽게 쓰고 버리는 시대에 살지 않았다. 그러니 당신도 업사이클링(사실은 아주 오래된 개념이다)에 대해 좋은 아이디어가 떠오른다면 한번 시도해보라. 만약 새로 구입해야 하는 상황이라면, 반드시 연장을 잘 관리하고 또 수리하면서 사용하길 바란다.

원예의 기본 연장

♦♦♦♦

정원사는 더 쉽고 즐겁게 작업하기 위해 몇 가지 기본 연장을 갖추고 있어야 한다. 각각의 연장은 필요할 때마다 그리고 주머니 사정이 허락할 때마다 구비해놓도록 하자. 또는 '낭비하지 않으면 부족하지도 않다'는 옛 철학을 본받아 중고 물품에 눈을 돌릴 수도 있을 것이다. 그럴 경우 먼저 연장이 제대로 작동하는지 확인하고, 필요한 곳은 능력이 닿는 데까지 수리하여 사용하자.

작은 포크삽 잡초를 뽑거나 작은 식물을 들어 올릴 때 사용하는 연장이다. 땅이 질거나 딱딱한 중토(重土)에서 쓰기 좋다.

모종삽 날이 좁은 것과 넓은 것이 있다. 작은 구멍을 파거나 화단 식물, 알뿌리식물을 옮겨 심을 때 유용하다.

삽 구덩이를 파거나 식물을 들어 올릴 때 사용한다.

포크삽 용도는 삽과 비슷하지만 중토에서 쓰기 좋다.

괭이 잡초 제거에 탁월하다.

전지가위 연한 싹이나 목질 줄기를 가지치기할 때 사용하며 대략 1cm 두께까지 가능하다. (항상 가지의 마디를 잘라야 하고, 단면이 거칠면 식물이 감염되기 쉬우니 깨끗하게 자르도록 한다.)

양손 전지가위 산울타리를 다듬거나 성장 시기가 지난 다년생 식물을 자를 때 사용한다.

갈퀴 씨를 뿌리기 전 땅을 고를 때 사용한다. 부채꼴 모양의 갈퀴는 잘려 나간 풀을 모으거나 잔디밭의 이끼를 긁어낼 때 유용하다.

· 괭이질을 꾸준히 하라 ·

주기적으로 괭이질을 하면 잡초 개체수를 조절할 수 있고 풀을 일일이 손으로 뽑는 수고로움도 덜 수 있다. 괭이질을 잘하기 위해서는 괭이 날을 땅과 평행하게 유지해야 한다. 그러면 날이 흙을 파고들어 잡초의 뿌리 윗부분을 절단할 수 있다. 한해살이 잡초의 경우 꽃이 피어나 번식하기 전에 미리 제거해야 한다. 이 시기를 놓치면 잡초는 다음 세대의 씨를 뿌리고 만다. 서양메꽃같이 끈질긴 다년생 잡초도 주기적인 괭이질로 종말을 맞을 수 있다. 잎을 끓어내면 햇빛에서 양분을 생산하는 에너지 공장이 사라지면서 식물은 시들게 된다. 하지만 뿌리가 조금이라도 다시 자라면 잡초가 살아날 수 있으니 계속 관리해야 한다. 꾸준히만 한다면 결국에는 당신이 승리할 것이다.

정원에 삽을 들고 들어가 땅을 파는 순간,

나는 내 손으로 직접 해야 했던 일을 지금껏 다른 사람이

대신 하게 하면서 나 자신을 속여왔다는 사실을 깨닫고

짜릿한 희열과 새로운 활력이 샘솟는 것을 느낀다.

- 랠프 월도 에머슨

보조 도구

몇 가지 보조 도구를 추가하면 더 좋다. 한창 작업 중일 때 필
요한 도구를 찾아 헤매는 것만큼 번거로운 일도 없으니 미리 손
에 잘 닿는 곳에 두도록 하자.

원예장갑 작업을 할 때 손을 보호해준다.

물조리개 살수구 뚜껑을 부착하여 약한 물줄기를 뿌리거나 살
수구 없이 바로 뿌릴 수도 있다.

식물 지지대 키 큰 식물이 넘어지는 것을 방지하기 위해 세우며
대나무나 튼튼한 나뭇가지를 이용한다. 강낭콩 같은 덩굴식물
에는 긴 막대기 또는 그물망을 사용한다.

끈과 가위 지지대에 식물을 묶을 때 필요하다.

원뿔형
대나무 지지대

• 식물을 지지대에 묶는 방법 •

식물을 지지대에 너무 단단히 묶으면 가끔 바람에 밀려 줄기 안으로 끈이 파고들 수 있다. 이를 방지하기 위해 8자 모양으로 묶는다.

1 끈을 뒤에서 앞으로 줄기에 두 바퀴 두른 후 다시 뒤에서 만난다.

2 뒤에서 매듭을 지으면 두 겹의 끈이 줄기를 편안하게 감싼 모양이 된다.

3 이제 두 겹의 끈을 지지대에 연결하여 묶는다.

이렇게 하면 식물을 지탱하는 힘은 줄기 자체가 아니라 식물과 지지대를 연결하는 지점에 생기게 된다.

· 덤불 식물의 지지대 ·

근사한 새장형 식물 지지대 제품은 작약이나 세둠과 같은 덤불성 식물에 사용할 수 있다. 또는 제품을 구매하는 대신 과거의 지혜를 빌려 성긴 토끼망을 네모나게 잘라 봄에 싹이 날 때 위에 올려놓는 방법도 있다. (꽃꽂이할 때 꽃병 안에 닭장 망을 잘라 넣는 것과 비슷하다.) 그러면 구멍 사이로 싹이 피어나 식물이 자라면서 그물망도 함께 서서히 올라간다. 지지대를 보충하고 싶다면, 식물이 23cm 정도 자랐을 때 그물망 사이로 막대기를 끼워 세워놓는다.

베테랑 정원사의 팁 🐛

이제 막 심은 어린 나무는 혼자 힘으로 설 수 있을 때까지 지지대를 세워 묶어주면 좋다. 열매가 주렁주렁 달린 나뭇가지도 마찬가지다. 원예용 끈을 따로 구입하지 않고 낡은 스타킹이나 양말을 재활용하여 돈을 절약할 수 있다.

~~~~~

큰낫 대신 풀 베는 기계가 새로 도입되었다. 하지만

많은 정원사들이 이 기계에 편견을 가지고 있는 것으로 보인다.

-제인 루던,
《여성을 위한 정원 안내서(The Ladies' Companion to the Flower-Garden)》(1841)

잔디 깎는 기계와 큰낫

♦ ♦ ♦ ♦

1830년 8월 31일, 영국의 에드윈 비어드 버딩(Edwin Beard Budding)이라는 엔지니어가 순진한 대중 앞에 새로운 발명품을 선보였다. '잔디밭이나 공원의 풀을 자르거나 깎는 용도'로 제작된 이 기계는 사실상 세계 최초의 잔디 깎는 기계였다. 버딩은 자신이 일했던 방직공장의 절단기에서 아이디어를 얻었다. 그는 사람들이 엿보거나 비웃을까 봐 한밤중에 몰래 기계를 시험해보았다고 한다. 그의 발명품이 없었다면 지금 우리가 매끄러운 테니스 코트나 잔디 볼링장을 즐길 수 있었겠는가?

잔디 깎는 기계가 발명되기 전까지 몇 백 년 동안은 긴 손잡이와 곡선 형태의 칼날로 이루어진 큰낫이라는 연장으로 풀을 베었다. 큰낫은 기원전 5000년경부터 사용한 것으로 추측되지만, 사실은 노르웨이에 있는 신석기 시대 동굴벽화에서도 그 흔적을 찾을 수 있다.

큰낫은 벼나 밀 수확, 잡초 제거, 갈대 베기 등 작업에 따라 종류도 여러 가지다. '풀베기'는 전문적인 작업으로 숙달하기까지 어느 정도 시간이 필요하다. 작업자가 규칙적인 움직임으로 들판을 헤치며 풀을 베어나가면 그가 지나간 곳은 한 번 벤 폭만큼 깨끗해진다. 아래의 소설 속 구절에서는 농촌에서 일하는 모습을 생생하게 그리고 있다.

> 그의 귀에는 큰낫 휘두르는 소리만 들렸고,
> 눈앞에는 풀을 베어가고 있는 치트의 곧은 뒷모습과
> 풀을 벤 자리에 남은 휘어진 반달 모양,
> 자신의 큰낫 앞에 천천히 물결치며 쓰러지는 풀과 꽃들,
> 그리고 결국엔 휴식이 찾아올 열의 끝이 보였다.
> -레프 톨스토이, 《안나 카레니나(Anna Karenina)》(1878)

손수레

♦♦♦♦

유럽에서는 13세기 초반쯤부터 손수레가 등장한 것으로 보인다. 하지만 중국은 그보다 더 앞섰다. 촉한의 초대 황제 유비의 책사였던 제갈량이 3세기에 이 유용한 도구를 고안한 것으로 알

려졌지만, 서기 100년경에 그려진 삽화를 통해 이미 그가 태어나기도 전에 손수레 형태의 도구가 사용되었다는 사실을 알 수 있다.

연장 관리 방법

♦ ♦ ♦ ♦

'서툰 일꾼이 연장 나무란다'라는 말처럼 연장을 함부로 대하는 실수를 저지르지 않길 바란다. 당신의 연장은 존중받아 마땅하다. 잘만 관리해주면 최고의 동료가 되어 당신을 도울 것이다.

· 세척 방법 ·

연장을 사용한 후에는 들러붙어 있는 흙이나 잎, 풀을 털어내고 녹슬거나 비틀리는 것을 방지하기 위해 기름 묻은 천으로 닦아야 한다.

베테랑 정원사의 팁

낡아서 뻣뻣해진 현관 매트를 버릴 생각이라면, 당장 멈추자! 연장 스크래퍼로 사용하기 딱 좋다. 창고 벽에 걸어두고 연장에 묻은 흙을 매트에 긁어 털어내면 된다.

· 보관 방법 ·

괭이나 삽, 포크삽은 날 쪽으로 기대어놓으면 끝이 무뎌질 수 있기 때문에 주의해야 한다. 대신 손잡이가 아래로 가게 두거나, 벽에 고리를 달아 걸어놓으면 더 좋다.

기발한 방법들을 즉흥적으로 떠올려보자. 낡은 벨트나 어깨끈을 일정한 간격으로 벽에 못질해놓으면 작은 연장을 달아놓는 고리끈으로 쓸 수 있다. 안 쓰는 철제 채소선반에 연장을 보관하면 통풍이 잘되어 습기를 말리기 좋다. 투명한 유리병은 고리, 철사, 라벨, 끈 등 작은 물품을 보관하기 좋다. 한눈에 찾을 수 있고, 얼마나 남았는지도 파악하기 쉽다.

· 날 가는 방법 ·

날을 갈기 좋은 시기는 바로 겨울에 연장을 창고에 넣어놓기 전이다. 거친 솔과 보통 거칠기의 사포, 기름(끓인 아마인유면 더 좋다), 헝겊, 날을 다듬기 위한 줄칼이 필요하다.

1 흙먼지를 털어내고 사포로 남은 먼지나 녹을 제거한다.
2 헝겊에 기름을 묻혀 닦아낸다.
3 날의 양쪽 면을 줄칼로 문질러 다듬는다. 그리고 날카로워진 날을 한 번 더 기름칠한다.

4 창고나 건조한 곳에 보관한다. 내년 봄에 꺼내보면 녹슨 곳 없이 완전히 날카로운 상태로 바로 작업을 시작할 수 있을 것이다.

공짜로 화분 얻기

◆ ◆ ◆ ◆

검소한 옛 정원사라면 매우 솔깃할 이야기다. 어떤 물건이라도 버리지 말고 재활용해보자. 물이 새지 않는 용기는 거의 대부분 화분으로 활용할 수 있다. 깨끗이 씻은 통조림 캔, 페인트통, 싫증 난 오븐 용기, 플라스틱 아이스크림통, 낡은 양동이, 쓰레기통 등 무엇이든 괜찮다. 튼튼하고 적당한 깊이에 배수구멍만 있다면 화분으로 사용하기에 충분하다. 투박한 멋을 자랑하는 라탄 바구니를 사용할 수도 있다. 흙을 잘 지탱하고 물이 새지 않도록 안쪽에 비닐을 덧대기만 하면 된다. 물론 잊지 말고 배수구멍도 뚫어야 한다.

은박 용기도 쉽게 구멍을 뚫어 사용할 수 있다. 도자기 소재는 전용 드릴 비트로 구멍을 뚫어야 한다. 플라스틱 같은 경우는 쪼개질 수 있기 때문에 불에 달군 쇠꼬챙이로 녹여서 구멍을 낸다.

어떤 용기를 재활용하든지 간에 배수가 용이하도록 화분 바닥에 깨진 그릇 조각이나 자갈을 깔아두면 좋다.

· 생분해성 화분 ·

달걀 포장재를 재활용하자. 움푹 들어간 공간은 모종에게 최고의 화분이 된다. 모종을 옮겨 심을 때가 되면 화분째로 곧장 흙에 심으면 된다. 판지는 흙 속에서 저절로 썩기 때문에 모종을 굳이 꺼낼 필요도 없고 옮겨 심다가 뿌리가 망가질 일도 없다. 이보다 더 편리한 모종 화분이 어디 있겠는가?

뿌리가 깊게 자라는 스위트피 모종의 경우에는 휴지심을 이용하면 좋다. 그리고 계란 포장재와 마찬가지로 휴지심 그대로 심으면 된다.

옛날에는 우유 같은 음료 제품이 플라스틱이 아닌 유리병에 담겨 나왔다. 하지만 현대적인 소재라고 해서 절약정신을

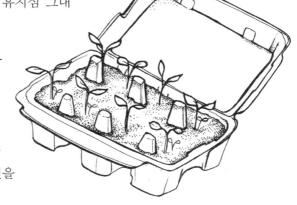

발휘하지 못할 이유는 없다. 커다란 플라스틱 병을 반으로 자르면 윗부분(공기가 잘 통하도록 뚜껑은 제거한다)은 어린 모종을 보호하는 덮개로 사용할 수 있다.

빈티지한 화분 만들기

♦ ♦ ♦ ♦

새로 산 테라코타 화분이 오래된 항아리처럼 보이길 원한다면 인위적으로 '낡아 보이게' 만들 수 있다. 물에 적신 화분에 요구르트를 덕지덕지 바르고 습하고 그늘진 곳에 놔두면 표면에 이끼나 지의류가 자라면서 빈티지한 느낌을 낼 수 있다.

베테랑 정원사의 팁 🛒

추운 겨울에 식물이 죽고 나면 나중에 옮겨 심거나 주변에 다른 식물을 심고 싶을 때 위치를 알기 어려울 수 있다. 그럴 경우 식물이 완전히 자취를 감추기 전에 막대기를 꽂아 자리를 표시해두면 좋다. 막대기에 방수 라벨이나 다양한 색깔의 털실을 묶어두면 식물을 구분하기 편리하다.

회색, 녹색, 그리고 백색의 정원을 만들려고 한다.

이 실험이 성공하기를 간절히 소망하면서도

의심을 지울 수 없다. … 그래도 여전히 나는

내년 여름 해 질 녘 즈음 유령 같은 거대한 올빼미가

어슴푸레한 정원 위를, 지금 내가 첫눈을 맞으며 일구고 있는

이 정원 위를 고요히 날아가는 모습을 기대한다.

－비타 색빌웨스트

원예 노트

♦ ♦ ♦ ♦

정원사에게 최고의 연장은 바로 원예 노트다. 정원을 가꾸면서 성공하고 실패한 점, 이제껏 관찰한 내용, 그리고 앞으로의 포부나 계획까지 전부 기록하는 노트로, 일기 쓰는 것과 상당히 비슷하다. 유명한 여성 정원사들은 대부분 원예 노트를 작성했다. 20세기 초 가장 영향력 있는 정원 디자이너 중 한 명이었던 거트루드 지킬(Gertrude Jekyll, 1843~1932) 역시 여러 권의 스크랩북과 노트, 사진첩을 꾸준히 기록했다고 한다.

또 다른 기록광으로는 부유한 귀족 출신인 비타 색빌웨스트(Vita Sackville-West, 1892~1962)가 있다. 그녀는 1930년에 그녀의 남

편 해럴드 니컬슨(Harold Nicholson)과 함께 잉글랜드 남동부 켄트 주에 있는 시싱허스트 성을 매입한 이후 정원 디자인을 향한 열정이 샘솟았다. 그 후 30년 동안 그녀와 동료 정원사들은 원래 농장이었던 곳을 세계적으로 명성이 자자한 정원으로 바꾸어놓았고, 그곳에는 그 유명한 화이트 가든(White Garden)도 있다. 색빌웨스트는 당시의 원예 노트를 발판 삼아 훗날 1947년부터 〈업저버(The Observer)〉 신문에 칼럼을 연재하기도 했다.

당신의 정원이 시싱허스트처럼 거대한 규모거나 지킬의 먼스테드 우드(Munstead Wood)처럼 권위를 자랑하는 정원은 아닐 수 있다. 하지만 직접 원예 일기를 적어 내려가는 기쁨은 누릴 수 있다. 당신의 원예 노트이니 마음껏 작성하고 아래의 예시 중 마음에 드는 내용도 함께 적어보라.

- 결과가 좋았던 작업과 그렇지 않은 것
- 새로 심고 싶은 식물이나 변화를 주고 싶은 부분
- 각 식물별로 좋아하는 점과 싫어하는 점
- 정원 디자인
- 간단한 스케치
- 직접 기른 것 중에서 가장 좋아하는 식물의 사진
- 새로운 영감을 주는 잡지 사진
- 계절에 따른 변화

토양은 신이 생명체에게 내린 선물이다.

-토머스 제퍼슨

흙

북아일랜드의 자이언츠 코즈웨이 주상절리나 미국 애리조나주의 앤틸로프 캐니언 협곡, 또는 사하라 사막의 멋지게 깎여 나간 모래언덕을 부러워할 필요는 없다. 당신의 정원에도 그보다는 작지만 지질학적 경이로움이 존재한다. 그것은 바로 흙이다.

수백억 년의 시간 동안 지구가 스스로 만들어낸 이 위대한 물질은 모든 생명체의 기반이 된다. 그리고 생태계 전체와 먹이사슬 내 인간을 포함한 모든 생명체까지 전부 지탱하는 식물의 성장 환경이기도 하다. 흙은 분명 우리의 관심과 보살핌을 받을 자격이 있다.

하지만 그렇다고 해서 토양학자가 될 필요는 없다. 늘 그랬듯이 비결은 자연과의 협력이다. 좋은 토양을 만드는 방법을 공부하고 베테랑의 노하우까지 익힌다면 식물이 마음 놓고 무럭무럭 자랄 수 있는 비옥하고 잘 바스러지는 흙을 손에 넣을 수 있다.

흙이란 무엇인가?

◆◆◆◆

흙은 간단하게 말해서 암석의 작은 입자와 유기물, 미생물, 공기, 그리고 물의 혼합물이다. 표토는 식물이 뿌리를 내리는 곳으로 정원사가 가장 관심 있는 상층의 흙이다. 그리고 그 밑에는 밀도가 높고 영양분이 적은 심토가 있다.

토양은 혼합된 성분에 따라서 여섯 가지로 분류할 수 있다. 사실 식물은 꽤 너그러운 편이라 가장 이상적인 흙이 아니어도 잘 자라지만, 토양을 개량하고 싶다면 종류에 대해 알아두는 것이 좋다.

식토 물과 만나면 질척해지고, 점착력이 강해서 배수가 나쁘다. 그래서 뜨거운 날씨에는 바위처럼 단단해지고 표면이 사막처럼 갈라질 수 있다. 반면 영양분을 잘 유지하기 때문에 장미가 특히 좋아하는 흙이다.

구분법 동그랗게 뭉쳤을 때 모양을 잘 유지하며, 점토 만지는 느낌이 든다.

☙ 굵은 모래와 유기물을 섞어서 배수를 도와주고 토양 구조를 개선하라.

석회질 토양 돌이 많아서 배수가 잘되지만 식물의 필수 영양소도 쉽게 씻겨 나간다. 석회질 토양은 알칼리성이다. (주전자에 남아 있는 석회 자국도 알칼리성이다.) 배수가 잘되는 알칼리성 흙을 좋아하는 라벤더나 양배추과 같은 식물을 심으면 좋다.
구분법 36쪽의 '흙의 산성과 알칼리성'을 참고하여 pH 농도 테스트를 한다.

☙ 수분을 잘 유지하도록 흙 표면에 멀칭(mulching) 작업을 하고 영양분을 보충하는 비료를 뿌려라.

사질토 배수가 잘되고 땅을 파기가 쉽다. 단점은 물이 금방 빠지고 영양분도 쉽게 씻겨 나간다는 점이다. 시홀리나 세둠, 유포르비아같이 건조한 토양에 강한 식물이 적합하다.
구분법 사질토는 모래 같은 느낌이 들고 동그랗게 뭉쳤을 때 쉽게 부서진다.

✎ 거름이나 직접 만든 퇴비 등 유기물을 추가하여 영양분을 공급하고 토양 구조를 개선하라.

미사질 토양 입자가 고와서 배수가 잘되고, 사질토보다 수분과 영양분이 잘 보존된다.
구분법 매끄러운 느낌이 들고 쉽게 뭉쳐지지만 식토만큼 모양이 잘 유지되지는 않는다.

✎ 유기물을 추가하여 토양을 개량하라.

이탄토 산성을 띠는 이탄토는 색이 어둡고 영양소가 적은 편이지만 상당한 유기물을 보유하고 있다. 보통 정원에서 찾아보기는 힘들고, 이탄습지와 비슷하다고 보면 된다. 진달래나 철쭉처럼 산성을 좋아하는 식물이 이탄토와 잘 맞는다. (이런 식물에 산성 퇴비를 뿌리는 것도 같은 이유에서다.) 단, 주의할 점이 있다. 화분용 배양토를 구매할 때는 이탄이 없는 종류를 고르도록 하자. 이탄을 채굴하는 과정에서 야생 생물의 서식지가 파괴되고 많은 양의 이산화탄소가 배출된다.
구분법 손으로 꽉 쥐어보면 스펀지 같은 느낌이 난다.

✎ 토양의 영양분을 보충하기 위해 비료를 뿌려라.

2

양토 만약 당신의 땅이 양토라면 복권에 당첨된 것과 다름없다! 양토는 곱게 잘 바스러지고 배수가 잘되며 영양분으로 가득 차 있다. 정원사에게는 꿈과 같은 흙이고, 지금껏 토양 개량의 목표였던 것도 바로 이 양토다.

구분법 동그랗게 뭉치면 모양을 잘 유지하지만 식토만큼은 아니다.

🍃 유기물을 보충하여 양질의 토양을 유지하라.

진달래

흙의 산성과 알칼리성

♦♦♦♦

식물이 잘 자라지 않는다면 흙이 지나치게 산성화되어 있을 가능성이 크다. 산성 흙은 영양분을 가두어두기 때문에 식물이 뿌리를 내리기가 어렵다. 이러한 문제를 바로잡는 전통적인 해결법은 토양에 원예용 석회 가루(탄산칼슘)나 분필 가루, 석회화된 해초를 뿌려서 알칼리성으로 바꾸는 것이다. 알칼리성 흙은 산성을 싫어하는 양배추과 식물에게 특히 중요하다. 또한 점토 함유가 높은 식토도 석회 가루를 섞어서 토양 구조를 개량할 수 있는데, 식토의 작은 입자들이 서로 뭉쳐지면서 배수가 원활해지기 때문이다. 석회 가루는 겨울에 뿌리고, 포장지에 적힌 사용법과 용량을 잘 따르도록 하라.

과학적으로는 흙의 pH(산성/알칼리성 측정 단위) 지수가 7.0일 때 중성이라고 한다. 이보다 높으면 알칼리성이고, 낮으면 산성이다. 가장 이상적인 수치는 약간 산성화된 pH6.5다. 이 수치일 때 토양의 영양분이 가장 많이 공급되며, 박테리아와 지렁이가 활동하기에도 최적의 환경이 된다.

요즘에는 동네 원예용품점에 들러 저렴한 토양 산도측정기를 쉽게 구입할 수 있다. 그렇지만 옛날에는 다음 예시처럼 가정에서 직접 해보는 방법밖에 없었다. 측정기만큼 정확하지는 않지만 그래도 약간의 단서는 얻을 수 있을 것이다.

1 정원의 여러 군데에서 흙을 가져와 각각 두 순가락씩 별개의 용기에 나누어 담는다.

2 한쪽 용기에 식초 120mL를 넣는다. 만약 거품이 난다면 알칼리성 흙이다.

3 거품이 생기지 않았다면 나머지 용기에 증류수를 약간 넣어서 진흙으로 만든 뒤, 베이킹소다 60g을 섞는다. 혼합물에 보글보글 거품이 발생하면 산성이다.

퇴비 만들기

♦♦♦♦

퇴비를 직접 만드는 관습은 옛 지혜의 훌륭한 예로, 우리에게 지속가능성을 가르쳐준다. 주방이나 정원에서 나온 쓰레기는 메탄가스를 내뿜는 쓰레기 매립지에 버리거나 화물차로 이송 후 퇴비를 만드는 지자체 수거시설로 보낼 수도 있겠지만, 그 대신 집에 보관하면서 유용하게 사용할 수 있다. 여기에서 쓰레기는 자연의 기적이 더해져 완전히 다른 물질로 바뀐다. 이 물질은 당신의 정원에 큰 선물이 되어줄, 짙은 색의 곱게 바스러지고 달콤한 향이 나는 영양 가득한 퇴비가 된다. 퇴비는 훌륭한 토양 개량제이자 배양토이고, 멀칭에 이용할 수도 있다. 하지만 무엇보다도 가장 좋은 점은 비용이 전혀 들지 않는다는 것이다.

· 퇴비 보관통 ·

가장 먼저 퇴비를 보관할 통을 준비해야 한다. 물론 퇴비용으로 나온 제품을 구매해도 된다. 이미 시중에 좋은 제품이 많이 나와 있고, 심지어는 열을 가해 퇴비가 빨리 썩게 하는 '가열 퇴비통'이라는 제품도 있어서, 제조사 말에 따르면 세 달 만에 사용 가능한 퇴비를 만들 수 있다고 한다. 하지만 문제는 비용이다.

그 대신 센스를 발휘해 돈을 아끼고 싶다면 버려진 목재 팔레트를 이용해 직접 만들 수 있다. 먼저 땅바닥을 깨끗하게 치운 후, 팔레트 세 개를 세워서 옆을 고정하고 마지막 팔레트는 앞에 세워서 퇴비를 꺼내고 싶을 때 문처럼 사용하면 된다. 하지만 이 방식은 자리를 꽤 차지하기 때문에 좀 더 작은 통을 원한다면 다른 방법도 있다.

뚜껑이 있는 낡은 플라스틱 쓰레기통도 퇴비통으로 쓸 수 있다. 통의 바닥과 옆면에 15~20cm 간격으로 구멍을 뚫어놓으면 공기가 잘 통하고 벌레 일꾼도 들어갈 수 있어서 퇴비가 잘 분해된다. 단단한 바닥에 두려고 한다면 공기순환을 위해 벽돌 위에 올려둔다. 그렇지만 흙 위에 바로 놓는 것이 가장 좋다. 이런 통은 너무 무겁지만 않다면 바닥에 굴리면서 퇴비를 섞기에도 좋다.

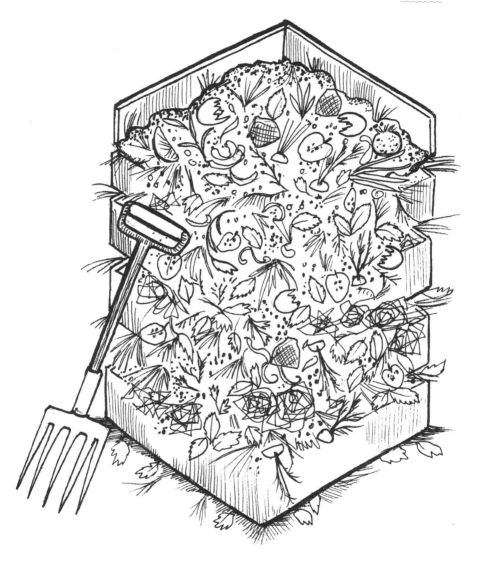

· 퇴비의 재료 ·

퇴비의 분해 과정이 일어나기 위해서는 질소와 탄소를 공급할수 있는 두 가지 요소가 5대 5의 비율로 필요하다. 절반은 나뭇잎같은 녹색 재료(질소)를 넣고, 나머지 절반은 나뭇가지 같은 갈색재료(탄소)를 넣는다고 생각하면 쉽다.

질소를 배출하는 녹색 물질, 특히 깎은 잔디 같은 재료를 많이넣으면 퇴비화가 너무 빨리 진행되어서 끈적끈적한 녹색 찌꺼기만 남는다. 탄소가 너무 적어도 퇴비가 만들어지는 데 시간이 오래 걸린다.

넣어도 되는 재료들

- 나뭇잎이나 시든 식물
- 깎은 잔디
- 한해살이 잡초 (꽃이 피기 전)
- 쐐기풀 잎
- 채소나 과일 껍질
- 티백
- 커피 가루
- 잘게 부순 달걀 껍데기
- 짚
- 잘게 찢은 종이 (코팅되지 않은 것)

- 잘게 자른 울이나 면
- 마른 줄기
- 잔가지나 목질 줄기
- 달걀판 같은 판지

넣으면 안 되는 재료

- 굵은 가지
- 단풍잎 (대신 부엽토를 만들 때 사용한다–43쪽 '부엽토 만들기' 참고)
- 감귤류 과일 (썩는 데 시간이 오래 걸리고 산성이 높아서 벌레들이 활동하기 어렵다.)
- 조리한 음식, 뼈, 지방이나 달걀 (쥐가 모여들 수 있다.)
- 날고기
- 꽃이 핀 한해살이 잡초 (퇴비 속에서 씨가 싹틀 수 있다.)
- 서양메꽃 같은 억센 다년생 잡초 (완전히 썩으려면 일반 가정용 퇴비통에서 가능한 것보다 더 높은 열이 필요하다.)
- 녹병 같은 병해를 입은 식물
- 합성섬유
- 석탄 재
- 개나 고양이의 대변 (설마 그럴 일은 없겠지만!)

· 퇴비 만들기 ·

1 먼저 퇴비 재료들을 잘게 조각낸다. 부러뜨리고, 찢고, 자르면 된다. 크기가 작을수록 더 빨리 분해된다. 종이는 작게 구기고 달걀판이나 휴지심은 그대로 넣어서 바람구멍을 통해 공기가 잘 통하게 한다.

2 통에 재료를 넣고 비를 맞지 않게 뚜껑을 덮으면 자연이 스스로 일을 시작한다. 눈에 보이지 않는 수많은 박테리아와 균, 미생물 그리고 다양한 벌레와 곤충이 당신을 위해 열심히 일하면서 내용물을 분해할 것이고 그 과정에서 열을 발산하게 된다. 이때 뚜껑을 열면 수증기가 보일 수도 있다.

3 퇴비의 분해 과정을 돕기 위해서는 물과 산소가 필요하다. 수분이 부족하다면 물을 약간 주고 위아래로 뒤집어 공기가 잘 통하게 한다. 이 작업을 몇 주에 한 번씩 반복하고, 분해가 시작된 후에는 새로운 재료를 추가하지 않도록 한다.

(주의: 퇴비를 뒤집을 때는 퇴비 더미 안에서 동면하고 있는 고슴도치

딱정벌레

나 개구리가 있을 수 있으니 매우 조심해야 한다.)

4 퇴비가 갈색빛이 돌고 잘 부서지며 향기로운 냄새가 난다면 모든 준비가 끝났다. 이 과정은 보통 6개월 정도 걸리지만, 길게는 1년까지 기다려야 할 수도 있다.

베테랑 정원사의 팁 🛒

퇴비화 속도를 높이고 싶다면 옛날 정원사가 자주 사용했던 재료인 사람의 소변을 넣어도 된다(47쪽 '액체비료' 참고).

부엽토 만들기

♦♦♦♦

가을은 낙엽을 내려 정원사에게 넓은 은혜를 베푼다. 박테리아에 의해 만들어지는 퇴비와 다르게 낙엽 부엽토는 균에 의해 분해되고 만들기도 훨씬 간단하다. 참나무 같은 낙엽수가 상록수보다 더 잘 썩어서 부엽토에 사용하기 좋다. 가장 쉬운 방법은 낙엽을 주워서 쓰레기 봉지에 담는 것이다. 물이 잘 빠지도록 바닥 부분에 구멍도 몇 개 뚫는다. 그리고 그대로 놔두면 된다. 내년 가을이면 잘 바스러지는 사랑스러운 부엽토가 되어 멀칭(뒤에서 자세히 설명한다)에 사용하기 좋을 것이다.

녹비

◆◆◆◆

퇴비 만들기가 너무 어려워 보인다면, 최소한의 노동으로 가능한 방법이 있다. 바로 녹비작물을 재배하는 것이다. 녹비작물이란 땅에 파묻을 목적으로 재배하는 작물을 말한다. 녹비는 토양을 개량하고 땅을 비옥하게 하며 잡초를 억제하는 효과가 있다. 가을이 되면 맨땅에서 작업을 시작한다. 땅 표면에 씨를 뿌리고 가볍게 갈퀴질을 한 다음 겨우내 싹이 트고 성장하도록 놔둔다. 그리고 봄이 오면 땅을 갈아엎어 작물을 파묻으면 된다. 이보다 더 쉬운 일이 어디 있겠는가? 녹비작물용 혼합 씨앗을 구매해도 좋다. 녹비작물은 금방 자라기 때문에 잡초를 억제할 수 있고, 땅을 갈아엎을 때 유기물도 함께 묻혀서 토양 개량에 도움이 된다. 또한 토양에 질소도 공급한다. 가장 대중적인 녹비작물로는 다음과 같은 것들이 있다.

- 자주개자리
- 메밀
- 붉은토끼풀
- 토끼풀
- 호밀
- 갓

멀칭

◆◆◆◆

시간이 지나면 흙 속의 영양소가 부족해질 수 있다. 이럴 경우 영양분을 보충해주어서 토양을 개량하고 건강한 박테리아와 균이 성장할 수 있는 환경을 만들어주어야 한다. 이를 위해서 매년 멀칭을 하는 방법이 있다. 멀칭이란 유기물을 최소한 5cm 두께로 땅 표면에 뿌리는 것이다. 지렁이들이 대신 땅속으로 옮겨주기 때문에 굳이 파묻을 필요도 없다. 게다가 멀칭을 하면 흙의 수분이 유지되어서 물을 자주 줄 필요가 없어지고 또 잡초도 잘 자라지 않는다.

시중에서 구매할 수 있는 멀치로는 나무껍질 조각, 버섯 퇴비, 말똥 거름 등 다양한 종류가 있다. 옛날에는 가까운 마구간에서 말똥을 얻어서 사용했다. (만약 근처 마구간에서 말똥을 얻어 쓸 수 있다면 2년 정도 썩게 놔둔 뒤 사용해야 식물이 말라 죽지 않는다.) 또는 이미 만들어놓은 것을 멀치로 사용할 수 있다.

- 부엽토는 영양소가 아주 높지는 않지만 훌륭한 토양 개량제로 쓸 수 있다.
- 정원의 퇴비는 토양 개량이나 수분 유지 등 매우 다양하게 사용할 수 있다.

땅을 파지 않는 정원사

♦♦♦♦

'땅을 파면 많은 걱정거리도 함께 묻을 수 있다'는 속담은 반박할 수 없는 사실이다. 정원 일은 당신의 걱정거리를 잊게 해준다. 하지만 땅을 파지 않는 것이 땅과 지구에 더 이롭다는 의견도 있다. 심지어는 수석 정원사들이 신출내기들에게 단순히 할 일을 주려고 힘들게 땅 파는 일을 시켰다는 설도 있다! 삽을 집어 들기보다 의자부터 찾아서 앉는 사람이라면 좋아할 만한 소식이다.

이 방식을 지지하는 사람들은 땅을 파지 않으면 이산화탄소나 온실가스 배출량을 줄일 수 있고, 토양을 건강하게 하는 수십억의 미생물을 보호할 수 있다고 주장한다. 땅을 건드리지 않고 멀치로 덮어놓으면 사실상 자연이 원래 하는 일을 흉내 내게 되고, 유기물은 분해되어 꿈틀거리는 지렁이 친구의 도움으로 땅 밑으로 옮겨질 것이다.

세 가지 필수 영양소

♦♦♦♦

식물이 전반적으로 건강하게 성장하려면 흙에서 세 가지 필수 영양소를 흡수해야 한다. 식물은 뿌리를 통해 수용성 물질을 빨아들이기 때문에 우리가 주는 물이 꼭 필요하다.

∾ 잎 성장과 식물의 전반적인 건강을 위한 질소

∾ 꽃과 열매를 맺기 위한 칼륨

∾ 뿌리 성장을 위한 인

· 액체비료 ·

영리한 옛 정원사들은 주방에서 남은 음식이나 정원 식물을 가지고 영양분이 풍부한 액체비료를 만드는 비법을 잘 알고 있었다.

맥주 먹다 남은 맥주를 흙에 부으면 땅이 건강해질 수 있다. 맥주 속의 효모가 마법을 부릴 것이다.

컴프리 흔하게 사용되는 컴프리 비료에는 열매를 맺는 데 필요한 칼륨과 뿌리를 튼튼하게 하는 인이 많이 함유되어 있다. 만드는 방법은 매우 다양한데, 그중에서 쉬운 방법 하나를 소개한다. 먼저 양동이(검은색 양동이를 사용하면 태양열을 잘 흡수해서 분해과정이 좀 더 빨라진다)에 컴프리 잎을 채워 넣는다. 줄기를 제거하지 않아도 된다. 그리고 뚜껑을 덮어 볕이 잘 드는 곳에 둔다. 3주가 지나면 부드러운 잎은 썩어서 없어지고 줄기의 섬유질과 악취를 풍기는 액체만 남아 있을 것이다. 다른 통에 액체만 걸러내거나, 포크삽으로 남아 있는 덩어리를 건져낸다. 건져낸 줄

기는 좀 더 썩도록 퇴비 더미에 던져놓으면 된다. 완성된 컴프리 비료를 사용하려면 물과 액체비료를 4대 1의 비율로 희석하여 식물 주위에 뿌려야 한다. 직접 만든 컴프리 비료는 토마토나 주키니 호박과 같은 작물에 사용하면 좋다. 그러니 굳이 토마토용 비료에 비싼 돈을 들이지 않아도 된다.

우유 옛날에는 우유통을 헹군 물을 비료로 사용했다.

쐐기풀 질소가 풍부한 쐐기풀로 액체비료를 만들어 사용하면 식물의 잎이 무성하게 자랄 수 있다. 손을 보호하기 위해 먼저 원예장갑을 끼고 쐐기풀을 가득 뜯어서 통에 눌러 담는다. 벽돌처럼 무거운 물건으로 눌러놓고 물을 채운 후 2주 정도 썩도록 내버려 둔다. 2주 뒤에는 악취는 심하지만 매우 강력한 갈색 액체비료를 얻을 수 있다. 물과 액체비료를 10대 1로 희석하여 식물에 뿌리면 된다. 어린 식물에게는 이 비료가 너무 독할 수 있으니 사용하지 않도록 한다.

소변 그렇다, 인간의 소변이다. 민망함은 덮어두고 실용성을 먼저 따지자. 오래전부터 효과 좋은 액체비료로 사용되었던 소변에는 질소가 많이 함유되어 있다. 비료로 사용하려면 신선한 것이어야 한다. (혹시 약물치료 중이라면 소변 내의 화학물질이 예측할 수 없는 영향을 미칠 수 있으니 이 방법은 피해야 한다.) 20배 정도의 물을 희석하여 식물 주변에 뿌려라.

· 고체비료 ·

옛날 정원사들에게 음식물 쓰레기를 내다 버리는 일은 있을 수 없는 일이었다. 보통은 퇴비 더미에 쌓아두지만, 어떤 종류는 흙에 바로 버릴 수 있다.

바나나 껍질 오래된 바나나 껍질을 안쪽이 아래를 향하게 하여 뿌리 주변에 얕게 심는다. 껍질이 빠르게 썩으면서 칼륨, 인, 마그네슘, 황, 칼슘, 이산화규소, 나트륨 등 식물이 좋아하는 다양한 군것질거리를 제공할 것이다.

커피 가루 모닝커피를 즐긴 후 남은 커피 가루는 버리지 말 것! 대신 식물 주위에 뿌리자. 커피 가루에는 식물에게 필요한 질소와 칼륨, 그리고 중요한 미네랄이 들어 있다. 멀칭을 하듯 두껍게 뿌리면 잡초 생성을 억제하는 역할도 해서 묘목이나 어린 식물이 자라기 좋다.

달걀 껍데기 아침식사가 정원에게 주는 또 다른 선물이다. 달걀 껍데기를 버리지 말고 잘 씻어서 말린 후 잘게 으깨서 식물 주위에 뿌려라. 달걀 껍데기에는 세포를 튼튼하게 하는 칼슘이 들어 있다.

나뭇재 나무의 재에는 탄산칼륨이 들어 있어서 식물에 뿌리면 좋다. 단, 민트에는 치명적일 수 있으니 민트 주위에 뿌리거나 근처 흙에 묻는 일은 피하도록 한다.

우리는 흙에서 태어나 흙으로 돌아가고, 그 사이에 정원을 가꾼다.

-옛 속담

사계절을 보내면서

♦ ♦ ♦ ♦

땅이 최상의 컨디션을 유지하도록 하고 원예 일도 수월해지도록 옛 정원사의 노하우를 배워보자.

겨울 겨울의 맨땅은 잘 덮어서 따뜻하게 하면 봄에 빨리 씨를 뿌릴 수 있다. 게다가 잡초도 억제할 수 있어서 식물이 자랄 동안 정원사의 작업량이 줄어든다. 외관상 좋지는 않겠지만 낡은 카펫이나 납작하게 누른 종이상자를 덮어두거나, 아니면 잡초 억제용 덮개 제품을 구매해도 좋다.

얼어 있는 땅은 파면 안 된다. 토양 구조에 손상을 줄 수 있다.

봄 식물 주변의 땅을 포크삽으로 가볍게 파헤쳐서 활력을 주고 공기순환을 도와라.

여름 이제 비료를 뿌려 식물에게 영양분을 줄 시간이다.

가을 멀칭 작업을 할 시기다.

옛날 옛적에는 🌱 ─────────────────────────────

겨울이 지나고 봄이 되면 씨를 뿌려도 될 정도로 땅이 따뜻해졌는지 어떻게 알 수 있을까? 먼 옛날의 정원사들은 '엉덩이 테스트'를 했었다. 땅 위를 맨 엉덩이로 앉아보는 것이다. 완전히 얼어붙을 정도는 아니고 적당히 참을 만한 추위라면 씨를 뿌려도 괜찮다. 물론 팔꿈치로도 할 수 있다.

모든 내일의 꽃은 오늘 뿌린 씨앗 속에 존재한다.

-인디언 속담

3

식물과
물과 날씨

　당신이 초보 정원사이든 경험 많은 베테랑이든 식물을 가꾸는 법에 대해 배워야 할 것들이 아직 많다. 물론 이런 점이 원예의 매력이기도 하다. 원예 지식들은 대부분 시대를 초월하여 아직도 유효하지만, 현대인에게는 생소하게 느껴지는 이야기도 있다. 초심자에게 노련한 정원사의 말은 다른 나라 말처럼 들릴지도 모르니 일단 자주 쓰는 용어부터 배워보자.

원예 용어

♦ ♦ ♦ ♦

원예 전문용어 중에는 우리를 어리둥절하게 하는 단어나 정의
가 많다. 반내한성은 무슨 뜻일까? 다년생 초본은 무엇을 말하는
걸까? 도대체 뿌리줄기는 또 무엇일까? 암호 같은 용어들을 해석
하는 데 도움이 될 수 있도록 간단하게 정리했다.

알뿌리 또는 구근 식물 기저가 양파 모양으로 부풀어 오른 것을
말하고 그 종류로는 수선화, 튤립, 스노드롭, 히아신스 등이 있
다. 이렇게 알뿌리를 가진 식물을 알뿌리식물이라고 부른다.

알줄기 약간 납작한 알뿌리처럼 생겼다. 크로커스, 아이리스,
글라디올러스가 알줄기에서 자란다.

덩이줄기 가늘고 길게 부풀어
오른 줄기나 뿌리를 말하고,
고구마가 이에 속한다.
달리아도 덩이줄기에
서 자란다.

뿌리줄기 땅과 수평으
로 길게 부풀어 오른
줄기를 말한다. 아이리스
가 뿌리줄기에서 자란다.

스노드롭

내한성 식물 추운 겨울도 잘 견디어 1년 내내 야외에서 생존할 수 있다.

반내한성 식물 매우 춥거나 서리가 내리는 날씨는 견디지 못한다.

일년생 식물(한해살이 식물) 1년 안에 싹이 트고 꽃이 핀 후 시드는 식물로, 내년의 새로운 세대를 위해 씨를 떨어뜨린다. 일년생 식물이 한번 뿌리를 내리면 영원히 키울 수 있다. (물론 당신이 원한다면 말이다.) 그 예로 한련이 있다.

이년생 식물(두해살이 식물) 일년생 식물이 한 해 동안 하는 일을 두 해에 걸쳐서 한다.

다년생 식물(여러해살이 식물) 3년 이상 오래 생존한다.

다년생 초본(여러해살이풀) 부드러운 줄기를 가지고 있고 겨울이면 시들어 죽는다.

다년생 목본(여러해살이 나무) 단단한 줄기와 가지를 가지고 있고, 겨울에는 잎이 떨어지지만 나뭇가지의 형태는 그대로 남아 있다.

낙엽수(갈잎나무) 겨울에 잎이 떨어진다.

상록수(늘푸른나무) 1년 내내 잎이 푸르다.

• 태양의 에너지를 받는 식물 •

알뿌리, 알줄기, 덩이줄기, 뿌리줄기에는 공통점이 있다. 작은 지하 저장실이 식물의 생존에 매우 중요한 역할을 한다는 것이다. 휴면기 동안 이곳에 영양분을 저장해두기 때문에 다음 해에 새 생명을 피울 수 있다. 그래서 수선화 같은 알뿌리식물은 잎을 자르거나 묶지 말고 자연히 죽게 놔둬야 한다. 식물이 녹색을 띠고 있으면 이산화탄소와 물, 태양에너지를 이용하여 저장소에 영양소를 비축하고 있다는 뜻이다. 이는 말 그대로 빛을 합성한다는 뜻의 광합성이라는 자연적인 과정으로, 최초의 태양열 발전인 셈이다.

베테랑 정원사의 팁

알뿌리는 얼마나 깊게 심어야 할까? 답은 매우 간단하다. 알뿌리 길이의 두 배에서 세 배 정도 깊이면 된다. 그리고 뾰족한 부분이 위로 가게 심는 것도 잊지 말자.

씨앗에서 기르기

♦ ♦ ♦ ♦

오늘날 모종가게에 가면 온갖 종류의 멋진 묘목과 식물들이 터질 듯이 가득 차 있다. 정원에 들이기에 참으로 쉽고 편리한 수단이다. 하지만 이렇게 간편한 제품을 얻기까지 투입되는 자원을 생각해보자. 묘목은 대부분 플라스틱 또는 폴리스티렌 소재의 화분에 담겨 길러지고, 묘목장은 묘목이 제때 성장할 수 있도록 인공적으로 빛을 쏘고 온도를 높인다. 귀중한 자원인 이탄으로 만든 비료도 사용한다. 그리고 묘목이 다 자라면 대형 화물차에 실려 전국 곳곳의 모종가게로 이송된다. 너무나도 많은 에너지와 자원이 소비되는 것이다.

노련한 정원사는 직접 씨앗에서부터 식물을 기른다. 하지만 어떤 큰 뜻이 있어서라기보다는, 첫째, 별다른 선택이 없었을 테고, 둘째, 돈을 아낄 수 있었으며, 그리고 셋째, 그게 당연한 일이었기 때문이다! 식물을 씨앗부터 키우면 할 일이 많아지고 공간도 더 필요하겠지만, 식물 선택의 폭을 넓혀줄 뿐만 아니라 당신 눈앞의 꽃과 채소가 애정 어린 보살핌의 결과물이라는 엄청난 자부심과 기쁨도 누릴 수 있다. 그리고 물론 비용도 상당히 절약할 수 있다.

절대 잊지 말아야 할 원예의 원칙은
마른 땅에 씨를 뿌리고 물을 주는 것이다.

-옛 속담

• 실내에서 파종하기 •

　내한성 식물의 씨앗은 앞으로 자라게 될 야외에 바로 심어도 된다. 하지만 반내한성 식물이나 좀 더 빨리 싹을 틔우고 싶은 식물이라면 온실이든 집 안이든 실내에서 자라게 해야 한다. 해가 잘 드는 창틀도 좋은 장소다. 하지만 난방기 위는 어린 식물에게 너무 건조한 환경이라서 추천하지 않는다. 특별한 장비는 필요 없다. 배양토를 담을 수 있고 뿌리가 자랄 수 있을 만큼 깊은 용기만 있으면 된다. 요구르트 용기나 플라스틱 통, 은박지 그릇 등 뭐든 괜찮다. 용기를 깨끗하게 씻고 배수가 잘되도록 바닥에 구멍을 뚫는다. 쇠꼬챙이를 뜨겁게 달구면 플라스틱을 쪼개지 않고 깔끔하게 구멍을 낼 수 있다.

1　용기 안에 다목적 배양토(물론 이탄이 없는 것으로 준비한다-34 쪽 '이탄토' 참고)를 채운다. 물조리개로 골고루 부드럽게 물을 주고 밑으로 물이 빠지게 둔다. 흙에 먼저 물을 주는 이유는 파종한 후에 씨가 흩어지지 않게 하기 위해서다.

2　씨를 띄엄띄엄 뿌리고 흙을 한 겹 덮는다. 여기에서 중요한 팁은 씨앗의 크기가 작을수록 흙을 얇게 덮는 것이다.

3　화분 위에 유리나 투명한 플라스틱을 올려놓거나, 투명한 비닐봉지를 고무줄로 감싸 덮는다. 또는 플라스틱 물병의 윗부분을 잘라서 돔 모양의 식물 보호덮개 대신으로 사용할 수

도 있다. 이렇게 하면 내부 온도가 일정해지고 흙이 잘 마르지 않는다.

4 식물은 창틀이나 볕이 잘 드는 곳에 두었다가 싹이 트면 덮개를 제거하고 실내에서 계속 기르면 된다. 그리고 큰 화분으로 갈 수 있을 만큼 성장했거나, 최종 목적지인 야외에서 살 수 있을 정도로 날이 따뜻해지면 옮겨 심는다. 이때에는 뿌리가 아니라 잎 부분을 조심스럽게 잡고, 섬세한 작업을 위해 주방 포크를 사용해서 식물을 들어 올리면 좋다.

베레랑 정원사의 팁

어떤 씨앗은 너무 작아서 화분에 고르게 뿌리기 어려울 수가 있다. 그럴 때는 고운 모래와 먼저 섞은 후에 뿌리면 된다.

· 실외에서 파종하기 ·

만약 식물을 야외에 바로 파종하려고 한다면, '흩뿌림' 파종법을 이용하여 흙 위에 바로 뿌리는 것이 가장 좋다. 이 방식으로 하면 식물은 훨씬 자연스럽게 자랄 것이다. 그렇지만 씨를 어디에 뿌렸는지 표시해두어야 한다. 식물이 어릴 때는 구분하기가 어려워서 잡초라고 오인할 수 있다. 특히 '떡잎'이라는 처음 나오는 잎은 원래의 잎 모양과는 다르게 비슷비슷한 둥근 형태라서 더 헷갈릴 것이다.

줄을 맞춰 파종하면 어떤 식물의 싹인지 알아보기 쉬워진다. 잡초는 줄지어 자라지 않으니 말이다. 이 방법은 특히 채소를 심을 때 사용하면 좋고, 다 자라고 나면 보기에도 예쁘다. 줄을 잘 맞추고 싶다면 낡은 빗자루 손잡이를 세로로 놓아 홈을 파고 그 위에 씨를 심은 뒤 주변 흙으로 덮으면 된다.

아주 영리한 또 다른 방법은 지붕 빗물을 받는 반원형 물받이에 흙을 채우고 그 안에 씨를 심는 것이다. 싹이 나기 시작하면 땅에 물받이와 똑같은 길이와 깊이로 고랑을 파낸다. 물받이를 조심스럽게 홈에 맞춰보면 크기를 가늠할 수 있을 것이다. 그리고 여기가 가장 기발한 부분이다. 물받이를 눕혀서 어린 식물들을 한 번에 고랑으로 조심스럽게 미끄러뜨려 넣는다. 들어 올릴 필요도 없고 옮겨 심을 필요도 없다!

어떤 씨앗을 심든 식물이 병해로 죽거나 달팽이에게 잡아먹힐 것에 대비해 늘 여분을 남겨두는 것이 현명하다.

씨앗 하나는 떼까마귀가 가져가고, 하나는 까마귀가 물고 가며,

또 다른 하나는 죽고, 나머지 하나가 싹을 틔운다.

-씨를 얼마나 심어야 하는지에 관한 속담

씨앗 저장하기

♦ ♦ ♦ ♦

자연은 식물의 수명을 연장할 수 있는 여러 가지 영리한 방법을 알고 있다. 그중 가장 흔한 방법이 씨를 뿌리는 것이다. 모든 종자식물의 목적은 자연 파종으로 인한 자기복제다. 꽃이 시들고 나면 안에 있던 씨앗이 땅으로 떨어지게 되고, 떨어진 씨가 발아하여 뿌리를 내리면 짠 하고 다음 세대가 태어난다. 작고 검은 양귀비 씨앗부터 바람에 날아가는 민들레 씨와 참나무 도토리까지 모든 종자식물은 이런 방식으로 번식한다.

이러한 자연의 활약에 우리도 참여하여 직접 기르는 식물의 종자를 받아 새로운 식물을 공짜로 잔뜩 얻을 수 있다. 이 작업은 꽃이 시드는 가을에 한다. 매발톱, 코스모스, 스카비오사가 이 저장법에 적합한 꽃이다.

1 작업을 시작하기 전에 꽃송이를 담을 종이봉투를 준비한다. 같은 종류의 꽃은 함께 담아도 되지만 종류가 다르다면 분리해야 한다. 마른 꽃송이를 잘라내고 꽃의 머리가 아래를 향하도록 조심히 봉투에 넣는다.

2 봉투는 건조한 곳에 보관하여 씨가 여물고 잘 마르도록 둔다. 몇 주 후면 꽃송이는 완벽하게 마르고 씨앗이 떨어지기 시작할 것이다.

3 씨앗을 보관할 주머니에 날짜와 식물 이름을 적는다.

4 봉투에서 꽃송이를 꺼내 하얀 종이 위에 살살 털어서 아직 남아 있는 씨앗까지 떨어뜨린다. 그리고 종이를 반으로 살짝 접어 미끄럼틀을 만들어 씨앗을 흘리지 않게 주머니에 넣는 다. 종이봉투 안에 떨어져 있는 씨앗도 마저 담는다.

5 씨앗 주머니 입구를 봉하고 밀폐가 되는 캔이나 통 안에 넣는 다. 그리고 직사광선을 피해 서늘하고 바람이 잘 통하는 곳에 보관한다. 냉장고의 신선칸도 괜찮다. 봄이 되면 바로 파종할 수 있을 것이다.

베테랑 정원사의 팁

저장해놓은 씨앗이 발아할 수 있는지 확신이 들지 않는다면 테스트를 해보라. 물을 적신 키친타월에 씨앗을 조금 뿌려두고 싹이 나오는지 지켜보면 된다.

공짜로 식물을 얻는 또 다른 방법

♦ ♦ ♦ ♦

일년생 식물의 다음 세대 씨앗을 저장하는 것 말고도 자연의 강인한 생존력을 이용하여 관목식물, 덩굴식물, 다년생 식물까지 공짜로 얻을 수 있는 전통적인 방법이 여러 가지가 있다.

· 꺾꽂이 ·

꺾꽂이는 봄이나 이른 여름에 식물이 새로 나와 아직 유연할 때 하는 것이 좋다.

1 부드러운 새싹이 난 줄기를 골라 5~10cm 정도 길이로 마디 바로 밑을 자른다. 아래쪽에 난 잎이나 꽃, 꽃봉오리는 모두 제거한다.
2 흙에 연필로 작게 구덩이를 파고 싹이 난 부분이 흙 위로 나오게 조심스럽게 심는다. 그리고 물을 준 뒤 습도가 유지되도록 투명한 비닐봉지로 화분을 덮는다.
3 직사광선이 닿지 않는 양지에 화분을 두면 2~3주 후에는 자른 가지에서 뿌리가 나올 것이다.

가장 편한 방법은 병에 물을 담아 잘라낸 가지를 꽂아두는 것이다. 상온의 물을 대략 3일에 한 번씩 갈아주면서 뿌리가 자라는지 지켜보면 된다. 식물에 뿌리가 나오면 조심스럽게 화분에 옮겨서 키우다가 원하는 장소에 심어라.

꺾꽂이하기 좋은 식물로는 다년생 식물인 펠라르고늄(흔히 제라늄으로 알려져 있다)과 국화 또는 낙엽관목인 푸크시아, 부들레이아, 수국이 있다.

· 포기나누기 ·

어떤 다년생 식물들은 자리에 비해 크기가 너무 커져서 나누어
줘야 할 때가 있다. 그럴 땐 식물을 뿌리째 파내서 포기를 두 개
또는 그 이상으로 분리해줄 수 있다. 잔인한 작업이라고 느낄 수
도 있지만 단순하게 뿌리 덩어리를 삽으로 나눈다고 생각하면 된
다. 각각의 포기를 다시 심은 후에는 새로운 식물들이 뿌리를 내
리는 데 온전히 힘을 쓸 수 있도록 잎을 약간 제거해주면 좋다.

· 휘묻이 ·

어떤 식물들은 종자를 만들 때까지 기다리지 않는다. 딸기가
그 전형적인 예로, 선천적으로 '휘묻이'하여 번식한다. 긴 덩굴을
사방으로 보내면서 줄기 마디가 닿은 땅 어디에나 뿌리를 내리는
딸기의 열정적인 번식을 막을 도리는 없다. 클레마티스, 인동덩
굴, 재스민, 등나무 같은 줄기가 길고 잘 휘는 덩굴식물이나 분꽃
나무 같은 관목식물이 이러한 번식법을 사용하기 알맞다.

1 간단하게 휘묻이하는 방법은 길고 유연한 줄기를 구부려서
   잎이 나온 마디 부분을 땅에 묻는 것이다. 과정을 좀 더 촉진
   하려면 마디 아래쪽에 살짝 칼집을 내줘도 좋다. 이 부분에
   서 뿌리가 자라게 된다.

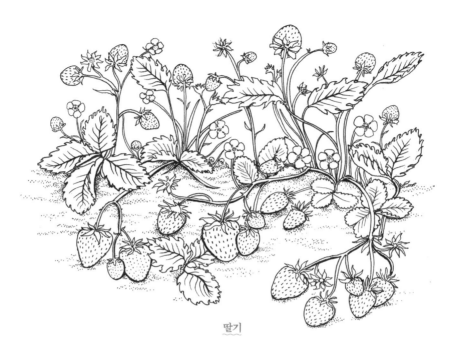

딸기

2 5cm 깊이로 흙을 판 뒤 줄기의 마디 부분을 아래로 눌러 심
어서 칼집 낸 부분이 살짝 열리도록 한다. 그리고 철사나 Y
모양의 가지로 고정한다.

3 줄기 끝부분은 지지대에 묶는다. 이제 줄기는 모체와 연결되
어 탯줄의 역할을 한다.

4 심은 마디에 물을 충분히 준다. 가을이나 봄에 심어두면 다
음 해 가을이나 어쩌면 더 빨리 새로운 식물을 분리해서 원
하는 곳에 심을 수 있다.

줄기의 끝을 휘묻이하는 방법은 긴 아치형 줄기를 가진 블랙베리나 로건베리 교배종에 사용하기 좋다. 적당한 줄기를 골라서 끝부분을 7.5cm 깊이로 묻고 고정해둔다. 그리고 물을 뿌려 촉촉하게 유지해주면 다음 해 가을이나 봄까지 새로운 식물이 싹을 틔울 것이다. 그 후에 모체와 분리하여 원하는 장소에 옮겨 심으면 된다.

베테랑 정원사의 팁

관목식물을 가지치기하는 기본적인 규칙은 일단 가운데 부분의 죽거나 엉킨 나뭇가지를 잘라서 공간을 비우고, 나머지 줄기는 싹이 바깥쪽을 향해 있는 곳까지만 남기고 자르면 된다.

물 주기

♦ ♦ ♦ ♦

날씨가 따뜻해질수록 물은 점점 더 중요해진다. 과거에는 집집마다 수도관이 없었기 때문에 물이 지금보다 더 귀했다. 오늘날 우리는 수도꼭지만 열면 손쉽게 물을 얻을 수 있다.

소설 《캔들포드로 날아간 종달새(Lark Rise to Candleford)》에서 작가 플로라 톰프슨(Flora Thompson, 1876~1947)은 19세기 말 영국의 한 시골 마을에서 보내는 어린 시절을 사랑스럽게 그려내면서,

현재는 사라진 당시의 생활방식을 잘 녹여내고 있다. 소설 속에서는 지붕에 고인 빗물을 받는 검은 타르 또는 녹색 페인트가 칠해진 빗물통이 집집마다 세워져 있던 풍경을 묘사하고 있다. 이렇게 모인 빗물은 좀 더 아끼는 식물에 물을 주거나 식수, 개인위생, 빨래 등의 용도로 신중하게 사용되었다. 그렇지 않으면 비가 오나 눈이 오나 양동이를 들고 우물까지 걸어가거나 멀리 떨어진 농장의 물 펌프로 향해야만 했다. 자기 집에 우물이 있는 사람들은 뚜껑을 덮고 자물쇠로 잠가 필사적으로 우물을 지켰다.

물이 샘솟는 우물은 수백 년도 더 전부터 존재했다. 그만큼 사람들의 일상에서 중요한 존재였다는 근거는 민간설화 속에서도 찾아볼 수 있는데, 우물은 현실 세계와 마법 세계를 넘나드는 문턱이라는 특별한 역할을 맡기도 했다.

신은 비를 내려서 정원사들이 집안일을 마저 할 수 있도록 한다.

-옛 속담

· 빗물 모으기 ·

우리도 옛날 사람들처럼 집이나 헛간 지붕에서 내려온 파이프 밑에 양동이 하나 놓지 못할 이유는 없다. 물받이에 고인 빗물을 그냥 흘려보내지 않고 잘 모아놓으면 유용하게 사용할 수 있다. 물론 양동이의 빗물로 모든 식물에게 물을 주지는 못하겠지만, 수돗물에만 의존하지 않을 수 있다. 산성을 좋아하는 식물은 빗물을 더 선호하기도 한다.

양동이 안에 물이 고여 있으면 냄새가 나기 때문에 자주 사용해 줘야 한다. 또한, 지붕 위의 나뭇잎이 파이프를 타고 양동이로 들어가면 악취를 풍기며 썩을 수 있으니 깨끗하게 관리해야 한다.

· 현명하게 물 주기 ·

현명하게 물을 주는 다양한 노하우를 배워보자.

- 물이 적게 증발하는 시원한 저녁때를 노리자. 태양이 뜨거울 때는 잎이 누렇게 시들 수 있으니 물을 주지 않는다.
- 식물 바로 아래쪽에 물을 주어서 뿌리가 물을 마시도록 한다. 잎에 주는 것은 물 낭비일 뿐이다.
- 스프링클러 사용을 자제하라. 심각한 물 낭비가 된다.
- 어린 식물은 찬물을 맞으면 놀랄 수 있으니 미지근한 물을 준다. 양동이의 물을 다 써버렸다면 수돗물을 받아서 냉기가 가실 수 있도록 상온에 두었다가 사용한다.
- 잎이 많은 채소나 샐러드 채소는 특히 수확하기 3주 전부터

물을 잘 주어야 한다. 유실작물은 꽃이나 과일이 열릴 때 물을 신경 써서 주자. 뿌리작물은 뿌리가 부풀기 시작하면 꼼꼼하게 물을 뿌린다.

- 묘목을 옮겨 심을 때는 배수구멍이 있는 작은 화분이나 바닥을 잘라낸 플라스틱 컵을 식물 옆에 함께 심는다. 그 통 안으로 물을 주면 주변으로 물이 퍼지지 않고 바로 뿌리에 닿을 수 있다.

- 다량의 유기물을 함께 심어서 수분이 잘 유지될 수 있도록 한다. 그리고 멀칭 작업도 잊지 말자(45쪽 '멀칭' 참고).

옛날 옛적에는

물은 공기보다 더위나 추위의 영향을 적게 받기 때문에 주위 온도 변화에 유용하게 사용할 수 있다. 빅토리아 시대의 수석 정원사들은 온실에 물탱크를 설치해서 여름에는 공기를 시원하게 하고 겨울에는 덜 춥게 했다.

정원사를 위한 피부 관리법

♦ ♦ ♦ ♦

손톱 밑에 낀 흙과 가시에 긁힌 상처, 벌레에 물려 가려운 흉터까지, 원예는 피부에게만큼은 가혹한 활동이다. 여기에 도움이 될 만한 고전적이지만 효과 좋은 피부관리 비법이 있다.

✎ 장갑을 낀다고 해도 흙은 어떻게든 손톱 밑으로 비집고 들어온다. 원예 작업을 하기 전 물 묻은 비누를 긁어 손톱 밑에 끼워놓으면 작업이 끝난 후에 좀 더 쉽게 씻어낼 수 있다.

✎ 손에 묻은 끈끈한 녹색 얼룩은 덜 익은 토마토를 잘라 문지른 뒤 물로 씻으면 된다.

✎ 벌레에 물리는 일은 정원사에게 산업재해와도 같다. 특히 각다귀나 모기가 극성인 시기에는 더 그렇다. 물린 부위는 마리골드 잎으로 문지르면 통증이 즉시 완화될 것이다.

✎ 식초를 바르면 가려움이 사그라들 수 있지만 벌어진 상처에는 사용하면 안 된다.

✎ 사과식초를 피부에 바르면 벌레퇴치제 효과를 볼 수 있다. 벌레들은 식초 냄새 때문에 괴로워할 것이다. (하지만 그건 당신도 마찬가지. 누가 샐러드 냄새를 풍기며 돌아다니고 싶겠는가?!)

날씨에 관한 속설

♦♦♦♦

정원사들에게 날씨를 예측하는 일은 매우 중요했다. 묘목을 언제 심을지, 물은 얼마나 줄지, 그리고 그보다는 일단 밖에 나가기에 비가 너무 많이 오지는 않을지 판단하고 결정을 내려야 했기 때문이다. 오늘날에는 인공위성을 분석하는 기상청과 온갖 첨단 과학기술이 우리에게 날씨를 알려준다. 하지만 과거에는 개인이 관측하는 방법밖에 없었고, 그래서 날씨의 징후를 찾기 위해 늘 자연을 주의 깊게 관찰해야 했다. 과거 날씨 관측자들이 직접 경험한 것들은 서민들의 지혜나 고대의 교훈, 속담, 운문 등의 거대한 보고 안에 함축되어 있다.

　날씨 속담 중에는 아직도 자주 쓰는 말도 있고 과학적으로, 적어도 상식적으로 타당한 이야기도 있다. '달이 맑으면 서리가 내린다'를 예로 들어보자. 하늘을 구름이 겹겹이 따뜻하게 덮고 있는 날보다 구름 없이 맑고 추운 밤에 서리가 내리는 것은 당연한 일이다. '밤 하늘이 붉으면 양치기가 기뻐한다'는 속담도 있다. 과학적으로 따져보면, 고기압일 때 대기 중에 먼지가 갇히고, 그래서 파장이 짧은 푸른빛은 흩어지고 파장이 긴 붉은빛이 잘 보이게 된다. 또한 고기압의 영향으로 날씨가 맑아진다.

　야생 생물이자 자연과 밀접한 관계에 있는 동물들은 날씨나 자연재해를 알아채는 육감을 가진 존재로 속담에 종종 등장한다. 실제로 동물들은 대기압의 변화에 민감하기 때문에 어느 정도 진실인 것도 있다. 게다가 지진 같은 자연재해가 발생하기 전에 이상하게 행동하는 동물들의 목격담도 많다.

　물론 이런 날씨 속설들은 영어권에만 있는 것이 아니다. 다른 나라에서도 비슷한 속담을 찾을 수 있다. 정말 정확한지 재미 삼아 확인해보자.

· 하늘과 지구에 관한 속담 ·

Red sky at night, shepherd's delight.

Red sky at morning, shepherd's warning.

밤 하늘이 붉으면 양치기가 기뻐하고,

아침 하늘이 붉으면 양치기가 걱정한다.

Rain before seven, fine by eleven.

7시 전에 비가 오면, 11시까지는 날이 맑다.

Clear moon, frost soon.

달이 맑으면 서리가 내린다.

When halo rings the Moon or Sun,

rain's approaching on the run.

달무리나 햇무리가 어리면 곧 비가 내린다.

Mackerel sky, mackerel sky, never long wet, never long dry.

비늘구름이 뜨면,

얼마 안 가 비가 그치고, 얼마 안 가 비가 내린다.

(비늘구름은 고등어 비늘 같은 구름을 말하고, 날씨가 곧 변함을 의미한다.)

If clouds move against the wind, rain will follow.

구름이 바람과 반대 방향으로 움직이면 곧 비가 내린다.

Dew on the grass, no rain will come to pass.

풀잎에 이슬이 맺혀 있으면 비는 오지 않는다.

Pine cones open up when good weather is coming.

맑은 날이 다가오면 솔방울이 열린다.

(날이 건조해야 솔방울의 비늘이 마르면서 바깥쪽으로 펼쳐진다.)

· 기독교 기념일과 계절에 관한 속담 ·

If Candlemas day be sunny and bright,

winter will have another flight;

If Candlemas day be cloudy with rain,

winter is gone, and won't come again.

성촉절에 날씨가 맑으면 아직 겨울이 많이 남았고,

성촉절에 비가 오고 날이 흐리면 겨울은 거의 다 지나간 것이다.

(2월 2일 성촉절은 아기 예수를 성전에 바친 날을 기념한다. 켈트 문화에서 2월 1일은 성녀 브리지다의 날이자 이몰룩 축제일로 봄의 시작을 알리는 날이다.)

Quand il pleut pour la Chandeleur,

il pleut pendant quarante jours.

'성촉절에 비가 오면 앞으로 또 40일 동안 비가 내린다'는 프랑스 속담.

So many mists in March, so many frosts in May.

3월에 안개가 자주 끼면, 5월에는 서리가 많이 내린다.

When March blows its horn,

your barn will be filled with hay and corn.

3월이 고함을 치면, 헛간에 건초와 옥수수가 가득 찬다.

(여기에서 고함은 '뇌우'를 의미하고, 3월에 천둥이 치면 이맘때쯤 날이 매우 따뜻하다는 의미다.)

April showers bring forth May flowers.

4월의 소나기는 5월의 꽃을 피워낸다.

Ne'er cast a clout till May be out.

5월이 물러가기 전에는 겉옷을 벗지 말라.

('May'는 5월을 의미한다고 해석할 수도 있고, 이맘때 꽃이 피는 산사나무의 다른 이름으로 해석할 수도 있다.)

Shallots should be planted on the shortest day of the year
and harvested on the longest.

샬롯은 낮이 가장 짧은 날에 심고, 낮이 가장 긴 날에 수확하라.

St Swithin's day if thou dost rain, for forty days it will remain.
St Swithin's day if thou be fair, for forty days 'twill rain nae mare.

성 스위딘 축일에 비가 오면, 40일 동안 비가 내린다.

성 스위딘 축일에 날이 맑으면, 40일 동안 비가 오지 않는다.

(9세기 영국의 주교 성 스위딘 축일은 7월 15일이다. 영국에는 성 스위딘 축일 전에 사과를 따서는 안 된다는 속담이 있다.)

· 새와 동물에 관한 속담 ·

A cow with its tail to the west makes the weather best,
A cow with its tail to the east makes the weather least.

소의 꼬리가 서쪽으로 향하면 날씨가 좋고,

소의 꼬리가 동쪽으로 향하면 날씨가 나쁘다.

(이 영국 속담은 서쪽으로 바람이 불면 날씨가 맑고, 동쪽으로 바람이 불면 날씨가 안 좋다는 의미다.)

When cows are lying down in a field, rain is on its way.

소가 들판에 누워 있으면, 곧 비가 내린다.

If crows fly low, winds going to blow.

If crows fly high, winds going to die.

까마귀가 낮게 날면 곧 바람이 불고,

까마귀가 높게 날면 곧 바람이 멈춘다.

When swallows fly low, rain is on the way.

제비가 낮게 날면 비가 내린다.

When the goose flies high, fair weather.

If the goose flies low, foul weather.

기러기가 높게 날면 날씨가 좋고,

기러기가 낮게 날면 날씨가 나쁘다.

When the bees crowd out of their hive,

the weather makes it good to be alive.

When the bees crowd into their hive again,

it is a sign of thunder and of rain.

벌이 벌집에서 쏟아져 나올 땐 날이 맑아 활동하기 좋고,

3

벌이 다시 벌집으로 몰려들 땐 곧 천둥과 비가 온다.

When ladybirds swarm, expect a day that's warm.
무당벌레가 몰려다니면, 그날은 날이 따뜻하다.

Spiders leave their webs when it is going to rain.
비가 오려고 하면 거미가 거미줄에서 내려온다.

077

정원은 가난한 사람의 약방이다.

-독일 속담

허브 정원

허브 재배는 수백 년 전부터 행해져 왔다. 최초의 허브 정원으로 알려진 것 중 하나는 약 3,000년 전 바빌론에 있었던 마르둑 아팔 이디나 2세 왕이 만든 정원이다. 이곳의 허브 종류는 64종에 달했고, 딜이나 펜넬처럼 오늘날에도 여전히 친숙한 종류도 있다.

하지만 과거 조상들에게 '허브'는 지금보다 훨씬 넓은 의미였다. 그들이 허브라고 부르는 식물 중에는 오늘날 우리가 '꽃'이나 '채소', 심지어는 '잡초'로 규정하는 것도 있다. 그러니까 다시 말해 우리 조상들은 세이지, 캐모마일, 펜넬 옆에 요즘이라면 장식용 정원에 더 어울릴 법한 금잔화, 라벤더, 서양톱풀이나, 지금은 잡초로 분류하는 개쑥갓, 별꽃을 함께 심었다는 뜻이다.

허브의 역사 이야기를 들으며 중세시대부터 19세기 너머까지 원예의 여정을 떠나보자.

당신의 병을 치료할 수 있는 약을 당신의 고향에서,

당신의 나라에서,

당신의 밭과 과수원과 정원에서 누릴 수 있는 것보다

더 즐거운 일이 어디 있겠는가?

-니컬러스 컬페퍼

중세시대의 의사, 허브

일반의약품이나 처방약이 나오기 전에는 허브가 수많은 질병의 치료제 역할을 했다. 게다가 위생설비가 열악하고 개인위생에 대한 인식이 낮았던 때에 허브로 음식의 풍미를 더하거나 불쾌한 냄새를 없애기도 했다. 이 놀라운 식물을 재배했던 정식 허브 정원은 중세시대 수도원 터에서 발견되었는데, 과거에는 아프거나 몸이 약한 사람들을 돌보는 것이 수도사의 일이었기 때문이다. 이러한 정원은 라틴어로 '약용 정원'을 뜻하는 '헤르불라리스

(*herbularis*)' 또는 '호르투스 메디쿠스(*hortus medicus*)'라고 불렸다. 당시 허브와 약제는 '오피키나(*officina*)'라고 부르는 저장실에 보관했는데, 이 단어는 살비아 오피키날리스(*Salvia officinalis*, 세이지)와 같은 식물 학명에서도 종종 찾아볼 수 있다.

· 책으로 배우는 허브 ·

수도사들은 고전문학이나 아랍 문헌을 직접 번역하여 허브 치료에 관한 지식을 얻었다. 그중에 10~11세기의 아주 오래된 책이지만 훨씬 고대의 내용도 들어 있는 《라크눈가(Lacnunga)》라는 약초 의학서가 있다. 주로 고대 영어와 라틴어로 적힌 이 책은 고대 영어로 '치유'를 뜻하는 'laec'에서 그 제목을 땄으며, 대략 200여 가지의 약초 치료법이 담겨 있다. 책 안에는 마치 주술 의식처럼 약을 만들면서 기도문이나 주문을 외워야 하는 치료법도 있다. 예를 들면, '아홉 가지 허브 기도문'이라고 해서 쑥, 질경이, 냉이, 쐐기풀, 베토니, 캐모마일, 꽃사과, 처빌, 펜넬까지 총 아홉 가지 허브를 넣어 피부염증 연고를 제조하면서 이 기도문을 동시에 읊조리는 식이다.

그로부터 몇 세기 후에 저명한 두 권의 약초 서적이 세상에 나왔다. 첫 번째는 1597년에 출간된 존 제라드(John Gerard)의 《약초서, 또는 식물의 역사 이야기(The Herball, or Generall Historie of Plantes)》

라는 책이다. 제라드는 런던에 대규모의 허브 정원을 가지고 있었던 식물학자로 1,000가지가 넘는 식물의 이름과 습성, 효능, 사용법을 자세하게 기록하는 업적을 남겼다.

그리고 약 50년 후에 허브에 관한 아마도 가장 종합적이면서 가장 많이 알려진 책이 출간되었다. 이 책은 영국의 식물학자이자 의사, 그리고 점성술사인 니컬러스 컬페퍼(Nicholas Culpeper, 1616~1654)가 1653년에 집필한《약초 도감(Complete Herbal)》이다.

자기 정원에 세이지 허브가 있는 사람은 죽지 않는다.

-아랍 속담

· 수도원의 정원 ·

중세시대 수도원의 허브 정원에서 볼 수 있었던 허브들을 각각의 특성과 함께 정리했다.

루 강렬한 향을 가진 루는 전염병이나 중독을 낫게 하는 효과적인 치료제였고 심지어 구마 의식에도 사용되었다.

베토니 예부터 베토니는 거의 모든 질병을 치료할 수 있는 참으로 놀라운 허브였다. 신장결석, 더부룩함, 기침, 폐질환부터 청각장애, 눈앞의 부유물, 시력저하까지 치료해주고 와인과 함께 자주 섭취하면 칙칙한 안색까지 개선해주었다. 게다가 무서운 밤의 환영으로부터 지켜주고 뱀도 쫓아내기로 유명했다.

세이지 세이지의 또 다른 이름인 '샐비어(salvia)'는 라틴어의 '*salveo*(건강하다)'라는 단어에서 비롯된 것으로, 'salve(연고)'나 'salvation(구조)'도 같은 어원을 가지고 있다. 세이지는 '생기 넘치고 활기차게' 해주며 '몸의 독소와 역병을 씻어낸다'고 한다. 또 사람들은 종종 간편한 치아 미백제로 잎을 뜯어 씹기도 했다.

캐모마일 이미 우리에게 진정 효과로 잘 알려진 캐모마일은 더부룩함과 소화 문제를 해결해주고 다른 허브와 함께 우려서 차로 마시면 해독 효과가 있다고 한다.

캐모마일

커민 커민 씨는 피부질환이나 눈병을 진정시키는 연고에 사용되었다. 수도원 주변의 소작농들은 소작료 일부를 이 허브로 지불하기도 했다.

컴프리 컴프리는 상처를 치료하고 염증을 가라앉히는 효과가 있고, 부러진 뼈를 맞춘다 하여 '뼈붙이풀'이라는 별칭을 가지고 있다.

클라리세이지 '맑은 눈' 또는 '그리스도의 눈'이라고 불리는 클라리세이지는 안약을 만드는 데 사용했다.

히솝 히솝 풀은 콧물이나 가래를 맑게 하고 화상이나 멍 자국을 찜질하는 데 사용되었다고 한다. '신성한 허브'라고 불리는 이 허브는 베네딕트회 수사들이 포도주를 만들 때 풍미를 더하기 위해 넣기도 했다.

옛날 옛적에는

주술이나 마법에 사용되었던 서양톱풀은 마녀의 허브라고 불린다. 지혈하거나 상처를 치료하는 데 효과적이어서 제1차 세계대전 때 전장에서 자주 사용되었다. 시간을 거슬러 올라가 보면 트로이전쟁에서도 그리스의 전쟁 영웅인 아킬레우스가 병사들을 치료하기 위해 이 풀을 사용했다고 하여, 서양톱풀의 학명 역시 아킬레우스의 이름을 딴 아킬레아 밀레폴리움(*Achillea millefolium*)이다.

불쾌한 냄새 퇴치하기

♦ ♦ ♦ ♦

프랑스에서는 실내용 변기의 오물을 도로에 버리면서 사람들에게 주의를 주기 위해 "garde a l'eau!", 즉 "물 조심하세요!"라고 외쳤다. 몇 백 년 전만 해도 하천에서는 지독한 냄새가 났고, 오물을 처리하는 수세식 화장실이나 하수관이 없었으며, 목욕하는 일은 손에 꼽을 정도였고, 음식을 신선하게 보관할 냉장고도 없었기 때문에 사람들뿐만 아니라 거리 곳곳에서는 악취가 진동했다. 그렇게 중세시대부터 19세기 초까지 허브는 또 한번 해결사로 나서게 된다.

향기로운 허브는 고기를 저장하고, 썩은 음식 냄새나 지독한 체취를 가리는 데 쓰였다. '뿌리는 허브'라고 불리던 쑥국화, 향쑥, 월저맨더, 메도스위트 같은 허브들은 바닥에 뿌려놓기도 했다. 사람들이 그 위를 밟고 다니면 허브 향이 퍼지면서 원치 않는 냄새를 덮어주었다. 게다가 벌레를 쫓는 효과도 있었다.

바로 그 유명한 엘리자베스 여왕은 다른 허브도 아닌
꼭 메도스위트를 자신의 침실에 뿌리기를 원했다.

-존 제라드, 《약초서(The Herball)》(1597)

민간 식물학자

♦ ♦ ♦ ♦

그렇지만 약초가 박식한 수사들의 약용 정원에만 있었던 것은 아니다. 민간인들도 약초에 대한 지식이 있었고, 민간요법에 쓰기 위해 자신들의 조그마한 땅에서 허브를 직접 재배했다. 허브에 관한 지식은 아주 오래전부터 세대를 거쳐 전수되었다. 17세기에 유럽 이주자들이 아메리카대륙에 정착하기 시작했을 때도 그들은 자신들이 기른 허브를 함께 가지고 왔다. 집 주변에 허브를 재배하면서 손쉽게 가져다가 병을 치료하고, 집 안 바닥에 뿌리고, 침구류에 향을 입히고, 고기에 풍미를 더하고, 옷감을 염색하는 데 사용했다.

이미 구대륙에서부터 허브를 길렀던 사람들은 다양하게 응용할 수 있는 해박한 지식이 있었다. 이런 지식은 어쩌면 '할아버지'보다는 '할머니'의 전유물이었을 것이다. 가정이라는 영역에서 가족을 먹이고 돌보는 일은 남자보다는 여성의 책임이었기 때문이다. 그렇게 의사이자 주술사라는 역할을 오랫동안 맡아온 할머니들은 목의 염증을 낫게 하고, 소화를 돕고, 두통을 해소하고, 잠이 잘 오게 하고, 벌레를 쫓고, 머릿결의 윤기를 내고, 안색을 밝히고, 음식에 풍미를 더하고, 지독한 냄새를 가려줄 수 있는 허브 치료법을 개발해왔다.

달콤한 허브 방향제 ❦ ─────────────────────

집 안에 좋은 향기를 풍겨줄 허브 방향제를 만들기 위해서는 먼저 로즈메리, 베르가모트, 민트, 타임, 월계수 같은 향기로운 허브 잎을 말려야 한다. (찬장이나 식은 오븐에 넣고 바람이 잘 통하도록 문을 열어 말린다.) 그다음 커다란 병에 마른 허브 잎을 층층이 쌓고 바닷소금, 정향 가루, 시나몬 가루, 라벤더 꽃, 말린 탄제린 껍질을 함께 넣는다. 이 혼합물을 몇 주 동안 놔두면서 가끔 섞어준다. 향이 조화롭게 섞이면 도자기나 유리병에 옮겨 담고 방에 향이 퍼지도록 두면 된다. 향을 다시 살리고 싶을 때는 라벤더 같은 아로마 오일을 몇 방울 넣어 섞는다.

이 허브는 몸 안으로도, 몸 밖으로도 벌레를 없애준다.
모든 부패를 방지하고 지독한 입냄새를 가리기에도 좋다.

-존 제라드의 《약초서》에서 향쑥의 특성을 설명하며

· 시골 정원의 허브 ·

허브의 이름을 살펴보면 당시 사람들의 인식을 엿볼 수 있는데, 그중 일부는 '공감 의술'의 원리를 따르기도 했다. 즉, 어떤 식물의 모양이나 색깔이 특정 질병의 증상과 닮은 점이 있으면 그 병을 치료할 수 있다고 믿었던 것이다.

굿킹헨리 피부를 맑게 하거나 피부염증을 치료하는 데 사용되었다. 부자들만 즐길 수 있었던 아스파라거스 대신 이 허브의 어린싹을 먹었다고 하여 '가난한 이의 아스파라거스'라는 별명이 붙었다.

병꽃풀 사철 내내 잎이 푸른 이 덩굴식물은 기침 치료약으로 유용하게 쓰였다. 에일 맥주의 풍미를 더할 때 사용되어서 '에일후프(alehoof)'라고도 불린다.

쑥국화 쑥국화는 빽빽한 작은 노란 꽃 모양 덕분에 '총각의 단추'라는 별명이 생겼다. 파리나 다양한 곤충들을 쫓아낼 때 사용했다.

월저맨더 부종이나 황달, 통풍의 치료제로 쓰였다. 가루로 만들어서 코담배나 코감기 약으로 사용했다.

주황조밥나물 활짝 핀 꽃 밑에 아직 열리지 않은 꽃봉오리가 붙어 있는 모습이 마치 엄마 여우 품속의 새끼 여우 같다고 하여 '엄마 여우와 새끼 여우'라는 별명이 붙었다. 소화가 잘 안 되거나 속이 더부룩할 때 약으로 썼다.

카우슬립 앵초 카우슬립 앵초는 성 베드로의 허리춤에 있던 천국의 열쇠가 땅에 떨어지자마자 이 황금빛 꽃으로 바뀌었다고 하여 '성 베드로의 열쇠'라고 불린다. 두통 완화에 도움을 받았고 샐러드나 속재료, 또는 와인에 넣기도 했다.

코스트마리 코스트마리 잎을 우린 차는 감기나 콧물, 배탈을 치료하는 데 사용되었다. 특유의 톡 쏘는 향 때문에 벌레 퇴치에 유용했고, 집안 대대로 내려오는 성경책이 좀먹지 않도록 책 사이에 꽂아놓았다고 해서 '성경 잎'이라고 부르기도 했다.

펜넬 인류가 재배한 가장 오래된 식물 중 하나로, 식용과 약용에 모두 사용되었다. 펜넬 씨를 씹으면 입안이 상쾌해진다고 한다.

향쑥 향쑥은 벌레나 악령을 쫓아주었다. 성 요한의 축일 전날인 6월 23일(낮이 가장 긴 날을 기념하는 하지축제 전날이기도 하다)에 치르는 영적인 의식에 사용된다고 하여 '성 요한의 허리띠'라고 부르기도 했다.

카우슬립 앵초

현삼 사람들은 현삼 뿌리의 작게 부풀어 오른 모습이 무화과를 닮았다고 생각했고, 무화과를 뜻하는 라틴어 '피쿠스(*ficus*)'는 치질 또는 치핵의 옛 이름이기도 해서 이 불쾌한 질병을 치료해줄 거라고 믿었다. 또한 현삼의 속명은 '스크로풀라리아(*Scrophularia*)'인데, 림프절이 부풀어 오르는 림프절염(scrofula)을 치료하는 데도 사용되었기 때문이다.

호어하운드 민트 계열의 호어하운드는 수천 년 동안 기침 치료제로 인기가 있었다. 게다가 마법 주문도 막을 수 있다고 여겨졌다.

옛날 옛적에는

쓴맛이 나는 향쑥의 학명은 '아르테미시아 압신티움(*Artemisia absinthium*)'이다. 향쑥은 압생트(absinthe)를 양조할 때 사용되었다. 반 고흐가 자기 귀를 자르기 전에 이 술을 마셨다고 하는데, 논쟁의 여지는 있지만 아마도 향쑥에 들어 있는 감정에 영향을 주는 성분 때문일 것으로 보인다.

허브 전문가가 되어보자

♦ ♦ ♦ ♦

허브는 다양한 용도로 사용할 수 있어서 직접 기르는 재미가 있다. 정원의 자리가 넉넉하다면 허브 전용 화단을 만들고 주변에 라벤더를 심어 낮은 울타리도 세울 수 있을 것이다. 그렇지만 화분에서 키워도 허브는 똑같이 잘 자라며, 그것도 아니면 관상용 꽃식물이나 채소작물 사이사이에 함께 심어도 된다. 후자를 선택한다면 허브가 '동반식물'이 되어 수분매개자를 끌어들이고 해충을 예방할 것이다. (더 자세한 내용은 8장 '병충해'를 참고하라.)

허브를 잘 키우기 위해서는 각 식물의 발생지와 가장 비슷한 환경을 조성해주어야 한다.

나는 뒤죽박죽 바꾸는 것을 좋아한다.

이 허브가 산울타리로 심었을 때 보기 좋다면

왜 그렇게 하지 않는가?

잘 어울리기만 하면 어떤 식물이든

어느 곳에서나 길러도 괜찮지 않은가?

이것이 진정한 원예 예술이다.

-비타 색빌웨스트

· 그늘을 좋아하는 허브 ·

어떤 허브는 그늘진 곳을 더 좋아한다. 그늘에서는 공기가 시원하고 흙이 촉촉하게 유지되기 때문에 꽃을 피우기 위해 꽃줄기가 올라오는 추대현상을 예방할 수 있다. 너무 짙은 그늘이라면 허브가 햇빛을 보려고 제멋대로 뻗어나갈 수 있지만, 어룽거리는 그늘이나 낮 동안 잠깐 햇빛이 드는 정도라면 무리 없이 잘 자랄 것이다. 음지에서도 잘 자라는 내음성 식물로는 안젤리카, 처빌, 고수, 딜, 레몬밤, 러비지, 민트, 겨자, 파슬리, 루콜라, 수영 등이 있다. 단, 민트를 키울 때는 주의할 점이 있다. 민트는 땅 밑 덩굴로 약삭빠르게 뻗어나가기 때문에 정원을 온통 뒤덮는 것을 원치 않는다면 화분에서 기르는 것이 좋다. 누구나 민트차를 마실 수 있을 만큼만 있으면 된다.

파슬리 씨앗은 지옥을 아홉 번 갔다 온다.

-파슬리는 발아하기까지 오랜 시간이 걸린다는 뜻의 속담

· 허브 형태 다듬기 ·

라벤더는 같은 지중해 출신인 로즈메리와 마찬가지로, 제멋대로 자라게 내버려 두면 기다란 가지만 많아지고 잎은 듬성듬성해진다. 예쁜 형태를 유지하기 위해서는 꽃이 죽은 후에 전지가위로 줄기 중간쯤을 잘라 짧게 다듬어줘야 한다. 이렇게 하면 지금보다 낮은 위치에서 새순이 자랄 것이다. 그렇다고 초록 잎을 모

두 잘라버리면 뒤엉킨 마른 가지와 죽은 식물만 남게 될 수 있으니 주의해야 한다.

옛날 옛적에는

라벤더는 아주 오랜 혈통을 가지고 있다. 라벤더의 학명은 '라반둘라(*Lavandula*)'로 '씻다'를 뜻하는 라틴어 '라바르(*lavare*)'에서 유래되었는데, 과거 로마 사람들이 옷을 빨래할 때 라벤더 오일을 사용했기 때문이다.

라벤더

· 허브 수확하기 ·

허브는 구조적 특성으로 인해 최적의 수확 방법이 정해져 있으며, 수확한 후에도 생명을 유지하고 계속 성장할 수 있다.

- 민트, 월계수, 타임과 같이 줄기에 잎이 나는 허브는 줄기와 잎이 만나는 지점을 잘라 수확해야 한다. 파슬리나 차이브같이 밑에서 긴 줄기가 나오는 허브는 가위나 칼로 밑동 근처를 잘라야 한다.
- 바질이나 파슬리같이 잎이 부드러운 허브는 꽃이 피기 전에 따야 한다. 허브가 꽃과 씨앗을 만드는 데 모든 에너지를 쏟게 되면 그때는 적기를 놓쳐버린다.

라벤더 설탕

정제설탕 1kg에 라벤더 꽃 2티스푼을 넣어 잘 섞은 후 병에 보관하면 완성이다. 쇼트브레드를 만들 때 사용하거나, 스폰지케이크나 딸기류 과일 위에 뿌려 먹고, 아니면 주변에 선물하라. 같은 방법으로 로즈메리 설탕도 만들 수 있다.

· 허브 약국 ·

만약 진통제나 다른 가정 상비약이 다 떨어졌다면 증상완화에 도움을 줄 허브 민간요법을 시도해보자.

긴장성 두통 민트 잎을 관자놀이에 문질러라.

구취 파슬리나 민트 잎을 씹어라.

잇몸병 민트 잎을 씹으면 잇몸의 불편함이 개선될 것이다. 하지만 속히 치과 검진을 받도록 하라!

구강염 통증을 줄이기 위해 염증 부위에 바질 잎을 가능한 한 오래 붙여놓는다.

인후염 로즈메리 차를 마셔라. 로즈메리에는 항염증과 항균 효과가 있다. 그리고 면역력도 높여준다고 한다.

모유가 잘 돌게 하기 위해 펜넬 차를 마셔라. (펜넬 씨를 우린 차는 갓난아이의 배앓이를 낫게 하는 전통적인 허브 치료약이다.)

소화를 돕기 위해 민트를 우린 차를 마셔라. 민트의 멘톨 성분은 소화기관 내벽을 진정시키고, 소화에 꼭 필요한 담즙 생성을 촉진한다. 또는 펜넬 샐러드로 식사를 마무리하는 것도 소화에 도움이 된다.

마음을 가라앉히고 평온하게 하기 위해 캐모마일 차를 마셔라.

민트

• 미용을 위한 허브 •

금발 머리 끓는 물에 캐모마일 꽃 반 컵을 넣어 한 시간 넘게 우린다. 꽃을 걸러낸 후 그 우린 물로 머리를 헹구면 빛깔이 더 밝아진다.

갈색 머리 로즈메리 잎을 같은 방식으로 우려서 머리를 헹구면 윤기가 난다.

지성 피부 말린 서양톱풀 꽃을 끓는 물에 넣고 우린다. 물이 식으면 체에 거르고 피부에 바른다. 서양톱풀에는 피지를 억제하는 성분이 있다.

홈메이드 허브 비누 ✿

비누풀 또는 사포나리아라는 허브는 과거에 비누를 만드는 데 사용되었다. 당신도 잘게 부순 라벤더 꽃과 라벤더 오일을 이용하여 고급스러운 향이 나는 옛날 비누를 만들 수 있다. 품질 좋은 무향 비누를 갈아서 끓는 물 한 컵과 함께 그릇에 담고, 약한 불에 중탕하면서 부드러워질 때까지 잘 섞는다. 불을 끄고 그릇을 꺼낸 뒤 말린 라벤더와 라벤더 오일을 넣어 섞는다. 충분히 식으면 손으로 형태를 빚어 유산지 위에 올려두고 건조될 때까지 기다리면 된다.

• 벌레를 퇴치하는 허브 •

벌레퇴치제를 몸에 뿌렸다가 독한 화학물질이 코를 찔러 기침이 나온 적이 있는가? 이런 경우 좋은 방법이 있다. 허브로 만든 천연 벌레퇴치제는 사람의 코에는 순하면서도 귀찮게 윙윙거리며 물어뜯는 벌레를 쫓아낼 수 있다.

주방에 파리가 못 오게 하려면 바질이나 민트를 주방 문 근처에서 키워라.

음식에 파리가 꼬이지 않게 하려면 쿠션에 말린 민트 잎을 넣거나, 음식 옆에 민트 잎을 한 다발 따서 놓아라.

더운 날 야외에서 몰려드는 파리를 막으려면 얼굴이나 목을 민트 잎으로 문질러라. 캐모마일 우린 물을 피부에 발라도 비슷한 효과를 볼 수 있다.

우리 몸에서 잔치를 벌이는 곤충을 막으려면 목 주변에 세이지를 가득 둘러라.

말에 붙은 벼룩이나 진드기를 쫓아내기 위해 옛날에는 마구간 주변에 신선한 허브를 뿌려놓았다.

세상에서 가장 매혹적인 광경 중 하나는

콩 두둑에서 흙을 밀고 싹이 나오거나

어린 완두콩이 연한 녹색 선을 그리며

고개를 빼꼼 내미는 모습이다.

-너새니얼 호손,《낡은 목사관의 이끼(Mosses from an Old Manse)》(1846)

5

텃밭 정원

　과거에는 식용식물이 정원의 핵심이었다. 물론 예쁜 꽃은 우리 눈을 즐겁게 해주지만, 관상용 식물만 심기에 정원은 너무 중요한 자원이었다. 정원은 생산적이어야 했고 식량을 제공해야 했다. 그렇다고 해서 텃밭이 아름답지 않다는 뜻은 아니다. 런던의 유명한 첼시꽃박람회(Chelsea Flower Show)의 한 전시에서는 온전히 채소로만 아주 멋진 정원을 꾸민 적도 있다. 장미만큼 화려하게 속이 차오른 양배추, 으리으리한 빌딩 같은 옥수수, 거품으로 뒤덮인 듯한 브로콜리, 울창한 감자 이파리, 동글동글 잘 익은 호박까지…….

채소밭

♦ ♦ ♦ ♦

채소나 과일을 직접 재배하는 일은 유달리 마음을 끄는 무언가가 있다. 뭐라 표현할 수는 없지만 장식용 정원을 가꾸는 것보다 어쩌면 더 본능적인 즐거움일 것이다. 지구와, 자연과, 우리의 뿌리와 더 깊게 연결되어 직접 식량을 재배한다는 뿌듯함도 있다. 그리고 일단, 그 무엇도 직접 재배한 작물의 맛을 따라올 수는 없다.

• 포타제 •

요즘은 근처 슈퍼마켓이나 시장에 들러 다른 누군가가 재배한 과일과 채소를 아주 간편하게 살 수 있다. 그래서 '작물 재배'가 한때는 취미가 아니라 필수 불가결한 일이었다는 사실을 이해하기 어려울 수 있다. 옛날에는 직접 작물을 재배하지 않으면 먹을 게 없었다. 이런 점에서 보면 시골 사람이 도시 사람보다는 유리한 입장이었다. 텃밭이 있어서 채소와 과일을 재배해 식구들을 먹일 수 있었기 때문이다.

공동체로 살며 모두의 이익을 위해 함께 일하는 수도원에서는 텃밭 재배가 훨씬 발달했다. 중세 프랑스 수도사들은 '포타제(potager)'라고 부르는 아름다운 텃밭 정원을 가꾸었다. 이 이름은 진한 수프를 뜻하는 프랑스어 '포타지(potage)'에서 유래했다. 수도사들은 예수가 죽은 십자가를 재현하기 위해 텃밭을 십자 모양으로 네 구역을 나누었다. 그리고 필요한 모든 작물을 이곳에서 신선하게 재배했다.

이 아이디어는 훗날 프랑스 귀족에게 전해져 비슷한 격자무늬 모양의 거대한 텃밭과 화단으로 탄생하게 된다. 그중 가장 지나친 규모로는 태양왕 루이 14세가 만든 베르사유 정원이 있다. '왕의 텃밭(Potager du Roi)'이라고 알려진 이 정원은 습지대에 자리 잡고 있으며 9만 제곱미터에 달하는 면적으로 완공까지 5년이나 걸렸다. 쾌락주의자였던 루이 14세는 정원사에게 1월의 아스파라거스나 3월의 딸기처럼 사치스럽거나 제철이 아닌 작물을 재배할 것을 명령했다고 한다. 이 왕실의 텃밭은 여전히 존재하며 현재는 대중에게 공개되었다.

1776년 독립선언문 작성에 참여했으며 1801년부터 1809년까지 3대 미국 대통령이었던 토머스 제퍼슨은 열정적인 농부 신사였다. 버지니아주에 있는 몬티셀로 사저에서 그는 이탈리아에서 수입한 브로콜리나 프랑스에서 들여온 무화과와 같은 다양한 작물 재배에 도전하는 것을 즐겼다.

· 시민농장 ·

시민들이 직접 과일이나 채소를 경작할 수 있게 토지 일부를 개간하여 만든 작은 시민농장은 몇 백 년의 역사를 가지고 있다. 이 작은 텃밭에서 사람들은 식량을 보충하고 개인의 신체적, 심리적 이득을 넘어 사회적 이익까지도 얻었다. 텃밭에서 기른 농작물과 실외활동은 몸을 건강하게 하는 동시에 즐거운 취미가 되었고, 사람들에게 목적의식을 만들어주고 공동체의식도 길러주었다. 여전히 시민농장의 대기 인원이 빼곡한 것도 놀라운 일은 아니다.

두 번의 세계대전이 일어나는 동안 중요한 전쟁 물자로 시민농장이 떠오르면서 그 진가를 발휘하기 시작한다. 식량 공급 부족으로 배급제도가 시행되면서 정부는 시민들에게 농작물을 재배할 수 있는 모든 땅을 개방할 것을 장려했다. 모든 사유 정원이나 공원은 시민농장으로 바뀌었고, 이를 빅토리 가든(Victory Garden)이라고 불렀다. 제2차 세계대전 당시 영국 정부는 사람들의 사기를 진작하는 슬로건을 내세웠다.

"승리를 위해 캐자."

집집마다 근사한 텃밭이 있었고

모두를 위한 시민농장도 있었다⋯⋯.

–플로라 톰프슨, 《캔들포드로 날아간 종달새》(1945)

옛날 옛적에는

양파즙에는 항균 성분이 있다. 미국 남북전쟁 당시 양파즙은 총상을 치료하는 데 사용되었다. 북부군을 승리로 이끈 리더이자 훗날 미국 대통령 자리까지 오른 율리시스 그랜트 장군은 "양파 없이는 나의 병사들을 이동시키지 않겠다"고 선언했을 정도라고 한다. 이와 비슷하게 마늘즙에도 항균, 살균 성분이 있어서 두 번의 세계대전에 모두 사용되었다. 게다가 양파즙은 가정에서 탈모를 치료하기 위해 쓰이기도 했다.

· 돌고 도는 텃밭 ·

가정 텃밭이 정식 포타제의 형태를 따르지 않았더라도 몇 가지 원칙은 지켜졌다. 과거의 정원사들은 전통적인 '윤작' 시스템에 대해 잘 알고 있었고 어느 정도는 직접 실행에 옮겼다. 이 방식은 매년 각 구역의 작물들을 순서대로 자리를 바꾸는 것으로, 일종의 원형 대기열(circular queue) 시스템이다. 윤작은 가정 텃밭이나 더 큰 규모로는 농부들의 논밭에서도 아주 오랫동안 이용되었다. 윤작을 하는 목적은 특정 작물 그룹의 해충이나 병해가 한 구역에 집중되는 것을 막기 위함이다. 또한 가정 텃밭에서는 윤작을 통해 각각의 작물들이 선호하는 정확한 조건을 맞춰줄 수 있었다.

물론 작물 구성에 정답이 있는 것은 아니고 정원사마다 같은 작물이라도 다른 그룹에 배치하기도 한다. 작물 구성은 윤작의 기간에 따라 달라지기도 한다. 4년이라면 네 그룹의 작물이, 3년이라면 세 그룹의 작물이 필요하다. 아래 예시는 4년 계획에 적절한 작물들이다.

감자 습하고 비옥한 땅이 필요하기 때문에 상황에 따라 비료를 추가하라.

뿌리작물 양파, 리크, 당근, 파스닙, 비트는 배수가 매우 잘돼야 하므로 중토의 경우에는 굵은 모래나 고운 모래를 섞어야 한다.

콩과 식물 강낭콩, 풋강낭콩, 누에콩, 완두콩 등이 있다.

배추과 식물 양배추, 콜리플라워, 방울양배추, 스웨덴 순무(루타바가), 순무, 무(마지막 세 종류는 뿌리채소가 아니라 여기에 들어간다)는 적당히 배수가 잘되는 토양이 필요하다.

그리고 텃밭에 빈자리가 생길 때마다 틈새에 심을 수 있도록 양상추, 토마토, 주키니같이 까다롭지 않은 작물들로 다섯 번째 그룹까지 구성하면 좋다. 만약 이 방식을 똑같이 따라 할 만큼 정원이 넓지 않다면 매년 작물 그룹들을 번갈아가면서 재배하는 방법도 있다.

강낭콩이나 셀러리같이 건조한 식물은 수분 공급이 중요하다. 작물을 심기 전에 구덩이를 파서 신문지처럼 습기를 잘 유지하는 재료를 채워 넣어라.

작물의 씨를 뿌릴 때는 걸어 다니는 동안 흙이 너무 눌릴 수 있으니 두둑 사이에 널빤지를 놓고 그 위로 다니도록 한다.

성촉절에는 콩을 심어라.

-옛 속담

잉카족 사람들은 야생 덩이줄기 몇 종에서 3,000종이 넘는 감자 품종을 개발하여 안데스산맥 골짜기에서 재배했다고 한다. 감자가 구세계에 처음 전해졌을 때는 유럽 사람들의 큰 관심을 끌지 못했다. 스페인에서는 노예만 먹는 음식이라고 생각했고, 독일에서는 죄수나 동물에게만 주었다. 그 외 나라들은 이 작물을 먹으면 한센병에 걸린다고 믿었는데 감자의 울퉁불퉁한 모양과 숭숭 구멍 난 표면이 병의 증상과 닮았다는 이유에서였다.

· 완벽한 계획 ·

텃밭의 공간을 영리하게 활용하여 가장 많은 작물을 얻을 수 있는 두 가지 방법이 있다. 타이밍을 잘 맞추면 된다.

🌿 사이짓기는 늦게 자라는 채소의 이랑 옆이나 포기 사이사이에 빨리 자라는 채소를 함께 기르는 것이다. 한 채소가 막 무르익기 시작할 때 다른 채소는 수확할 수 있다. 각 작물의 파종 시기와 생육 시기를 파악한 뒤 사이짓기를 해보자.

🌿 연속 파종의 방법으로 작물을 계속 수확하자. 샐러드 채소나 당근처럼 빨리 자라는 작물을 일정한 시간 간격(예를 들면 봄과 여름 동안 2주 간격)으로 심으면 규칙적으로 작물을 수확할 수 있다.

체리의 해는 즐거운 해다.

-옛 속담

과수원

♦ ♦ ♦ ♦

장과류 과일은 혼자서 열매를 맺을 수 있지만, 사과나 체리 같은 핵과류는 본래 같은 시기에 꽃을 피우는 같은 종의 다른 개체가 필요하다. 꿀을 찾아다니는 곤충이 한쪽 나무의 꽃가루를 다른 나무의 꽃으로 옮기는 '타가수분'이라는 과정을 거쳐 열매를 맺게 된다.

적어도 옛날에는 그랬기 때문에 정원사는 제대로 된 과일을 얻고 싶다면 타가수분을 위해 두 그루의 나무를 심어야 했다. 하지만 요즘은 품종개량 전문가가 아주 작고 또 자가수분할 수 있는 과실나무를 개발하면서 공간이 부족한 현대인의 정원에도 과일나무를 키울 수 있게 되었다. 그렇지만 전통 품종보다는 종류가 제한적이라는 단점이 있다.

· 고대의 과일, 사과 ·

　모든 과일나무 중에서 사과나무는 아마도 가장 상징적이고 낭만적인 존재일 것이다. 사과처럼 신화와 전설이 넘쳐나는 과일도 없다. 에덴동산에서 이브가 따 먹은 선악과, 파리스 왕자가 아프로디테를 선택하면서 결국 트로이전쟁까지 발발하게 했던 황금사과, 아서 왕이 치명상을 입은 후 갔다고 전해지는 사과의 섬 애벌론, 백설공주가 운명적으로 베어 문 독사과까지 다양한 이야기

사과나무

가 존재한다.

현재 재배되는 사과나무는 중앙아시아가 원산지인 야생종의 후손으로 알려져 있다. 사과는 8,000년 이상의 긴 역사를 가지고 있다. 중국에서 아시아를 거쳐 남유럽으로 이어진 통상로 실크로드를 따라 유럽에 전해지면서 로마인이 처음 재배를 시작했고, 당시 재배 방식이 현재까지도 사용되고 있다. 그 후 몇 백 년 동안 사람들은 각각 다른 맛과 향을 가진 수천 가지 사과 품종을 개발했다. 슬프게도 당시 품종 대부분은 지금 찾아보기 힘들지만 재배 전문가를 통해 구할 수 있는 종도 있다. 뉴턴의 머리에 떨어져 중력 이론의 영감이 되었다고 알려진 바로 그 사과는 '켄트의 꽃'이라고 불리는 품종으로, 아직까지 재배되고 있다. 헌트하우스 역시 아직 재배되고 있는 품종으로, 제임스 쿡 선장이 탐험을 떠나면서 선원들의 괴혈병 예방을 위해 가져갔던 사과라고 한다.

정원에 공간이 충분하다면 먼 옛날 과수원을 빛냈던 사과나무를 길러보는 건 어떨까? 왜성 품종을 구매하면 나무가 너무 크지 않게 자랄 것이다.

매일 사과 한 개를 먹으면 의사를 멀리하게 된다.

-옛 속담

· 가식 작업 ·

묘목장에서는 종종 흙 없이 맨뿌리가 드러난 묘목을 제공하기도 한다. 묘목을 심을 구덩이를 파는 동안 뿌리가 마르지 않도록 물을 담은 양동이에 담가놓자. 원칙대로라면 묘목이 오자마자 바로 심는 것이 좋다. 하지만 그럴 상황이 안 된다면 그전에 임시자리에 묻어두는 '가식' 작업을 통해 묘목 뿌리 주위에 흙이 자리 잡도록 하는 방법도 있다.

· 사과나무 축복하기 ·

사과주를 많이 생산하는 영국 지역에서는 1월 6일 주현절이면 '과일농장 축제'라는 전통행사가 열린다. 여기서 '축제(wassail)'는 앵글로 · 색슨족의 건배사 'wes hál', 즉 '건강하라'라는 말에서 유래했으며, 이 행사에는 사과의 풍년을 기원하며 나무를 축복하는 순서도 있다. 밤이 깊어지면 사람들은 사과주를 들고 과일농장으로 모여서 가장 큰 나무의 건강을 바라며 축배를 든다. 그리고 나무뿌리에 사과주를 붓고, 사과주를 적신 빵 조각을 나뭇가지에 올려놓는다. 마법 의식에는 으레 주문 노래가 있듯이 이 축제에서도 다음 예시와 같은 여러 가지 노래를 부른다.

프랑스 노르망디 지역에도 비슷한 풍습이 존재하는데, 이곳의 사과로는 지역 특산품인 칼바도스라는 사과주를 만든다.

당신을 위해, 오래된 사과나무를 위해,

꽃도 잘 피우고 열매도 잘 맺네.

이 모자에도 가득, 저 모자에도 가득,

자루는 세 개나 넘쳐나네.

모두 나무 아래 모여 외치세.

만세! 만세!

-사과 풍년제의 노래

사과차 🍎

우리 몸에 활기를 주는 사과차는 매우 간단하게 만들 수 있다. 껍질을 벗기지 않은 사과를 얇게 썰어 냄비에 넣고 물을 부어 한 시간 정도 끓인 뒤 걸러내면 끝이다. 뜨거운 차로 마셔도 되고 차가운 음료로 마셔도 좋다.

· 장과류 ·

과일 정원에 없어선 안 되는 과일로는 딸기를 빼놓을 수 없다. 딸기는 재배하기가 너무나도 쉽다. 이 작은 식물은 열정적으로 번식하기 때문에 사방으로 줄기를 보내고 어디든 뿌리를 내린다. 딸기 재배에 능숙한 정원사는 줄기가 나오면 잘라버린다. 식물이 열매 맺는 데 온전히 에너지를 쏟을 수 있도록 돕기 위해서다. 옛날에는 딸기가 잘 자라고 맛도 좋아지라고 짚 멀치에 솔잎을 섞기도 했다. 딸기를 심은 지 3년이 지났다면 옛날 방식을 따라서 오래된 식물은 버리고 줄기에서 새로 자라난 딸기를 심자.

라즈베리 역시 기르기 쉬운 과일로, 몹시 추운 날씨부터 더운 날씨까지 다양한 기후에서도 견딜 수 있다. 라즈베리는 뿌리가 얕게 자라는 편이라 왕성하게 번식하는 잡초의 피해를 받을 수 있기 때문에 미리 잡초를 모두 제거한 뒤 심어야 한다.

블랙커런트가 활기차게 자라게 하려면 오랫동안 쐐기풀 밭이었던 곳에 심거나 아니면 이미 자리 잡은 식물 사이에 쐐기풀을 심는 옛 정원사의 지혜를 따르는 것이 좋다. 쐐기풀은 흙에 까다로운 편이고 인과 질소가 풍부해야 한다. 즉, 쐐기풀이 잘 자란다는 것은 토양 속에 영양분이 풍부하다는 신호로, 결국은 블랙커런트에게도 좋은 땅이라는 뜻이다.

딸기 사과주 🍓

더운 여름날에 마시기 딱 좋은 딸기 사과주를 만들어보자. 커다란 병을 채우기 위한 딸기 500g과 정제설탕 2테이블스푼, 커다란 오렌지 한 개, 그리고 사과주가 필요하다. 딸기를 살짝 으깨고 그 위에 설탕과 오렌지즙을 넣어 1시간 정도 숙성시킨다. 병에 옮겨 담은 뒤 사과주와 얼음을 넣어 맛을 보고 바로 먹으면 된다.

• 과일 치료제 •

- 예부터 라즈베리 잎 차는 인후염과 설사를 치료하는 약이었다.

- 사람들은 한때 반으로 자른 딸기를 치아에 문질러서 치아 미백제로 사용했다.

- 중세시대에 딸기 퓌레는 막 결혼한 커플의 아침 식탁에 오르곤 했는데, 딸기가 천연 정력제라고 생각했기 때문이다.

- 블랙베리는 무덤에서 시체의 영혼이 살아 나오는 것을 막아 준다고 하여 교회 부속 묘지에 자유롭게 자라도록 했다.

- 루바브 잎은 옥살산 성분 때문에 독성이 매우 높지만, 말린 뿌리는 오래전부터 소화기질환의 치료제로 사용되었다.

- 사과, 살구, 체리, 복숭아의 씨에는 청산가리가 들어 있지만 걱정할 필요는 없다. 그 양이 매우 적기 때문에 씨를 삼켰더라도 큰 문제는 없다.

수확하기

♦♦♦♦

이제 가장 즐거운 시간이다. 열심히 키운 작물을 수확할 때가 되었다. 하지만 아무 때나 그냥 따면 되는 것은 아니다. 정원사들의 오랜 노하우를 배워두면 어떤 작물이 언제 잘 익어서 먹어도 되는지 구분하는 데 도움이 될 것이다.

사과와 배의 수확 시기를 알고 싶다면 두 손으로 과일을 감싸 쥐고 줄기를 부드럽게 비틀어보면 된다. 과일이 가지에서 떨어져 나오면 수확할 준비가 된 것이다. 복숭아도 똑같은 방법을 사용하되, 과육이 손상되지 않도록 조심스럽게 해야 한다.

토마토는 진한 맛을 살리기 위해 물을 주기 전에 수확해야 한다. 아삭함이 생명인 샐러드 채소의 경우는 잎이 물을 흡수할 수 있도록 물을 주고 몇 시간 뒤에 수확한다. 감자는 건조한 날에 수확해서 몇 시간 정도 땅 위에 놔두었다가 요리에 쓰거나 보관하면 좋다.

완두콩이나 콩을 수확할 때는 콩과 식물의 특성을 파악하고 있어야 한다. 콩과 식물은 필수 영양소인 질소를 공기에서 흡수하고, 그 질소를 뿌리에 있는 혹에 가두어서 자신만의 비료를 만든다. 그렇기 때문에 수확할 때는 완전히 뽑지 말고 뿌리를 남겨서 계속 영양분을 섭취할 수 있도록 한다.

다락 안에 과일이 쌓일 때까지 가을 바람이 천천히 불기를.

-옛 속담

· 첫 번째 추수감사절 ·

11월 네 번째 목요일에 찾아오는 미국의 큰 명절 추수감사절의 기원은 17세기로 거슬러 올라간다. 1620년 9월 16일, 100여 명의 영국 승객들이 영국 해안의 플리머스 항구도시에서 출항했다. 그들이 탄 메이플라워호는 신세계로 향하고 있었고, 그곳에서는 더 큰 종교의 자유를 누리며 새로운 삶을 시작할 수 있기를 희망했다.

66일간의 험난한 항해 끝에 이 '순례자'라고 불리는 이들은 마침내 닻을 내리고 정착했다. 이곳은 오늘날 매사추세츠 지역으로, 그들은 처음 떠나온 항구의 이름을 따서 플리머스라고 불렀다. 첫 겨울은 몹시 추웠고 거의 절반에 가까운 사람들이 질병이나 영양부족으로 사망했다. 그러나 1621년 봄, 예상치 못한 곳으로부터 도움의 손길을 받는다. 바로 그 지역에 이미 살고 있던 아메리카 원주민이다. 그들은 새로 온 사람들에게 '인디언 옥수수'를 경작하고, 단풍나무에서 수액을 채취하고, 개울에서 물고기를 잡고, 덫을 놓아 비버를 잡는 방법을 알려주었다. 그해 가을이 되자 순례자들은 첫 수확을 축하할 수 있었고, 90명 정도의 아메리카 원주민들도 이 축제에 함께 참여했다. 당시의 상황은 1621년에 에드워드 윈슬로(Edward Winslow)라는 한 순례자가 쓴 멋진 글에서 엿볼 수 있다.

*신께 감사하게도 수확량이 늘었다네. … 수확물은 거두어들이고
있고, 우리 지도자는 네 명을 새 사냥에 보냈어. 그래야 우리 노
동의 결실을 다 수확한 뒤에 특별한 방식으로 축하할 수 있겠지.*

수확한 작물 저장하기

♦ ♦ ♦ ♦

방금 수확한 작물만큼 좋은 건 없다. 수확하자마자 빠른 시일
내에 먹어야 하는 작물도 있지만, 검소한 옛날 정원사들은 추운
겨울을 위해 남은 작물을 서늘하고 통풍 잘되고 얼지 않는 창고
에 보관했다. 밤이 긴 겨울 동안 과일과 채소를 좋은 상태로 보관
할 수 있는 노하우가 있다.

🍃 사과와 배(상처가 없어야 한다)는 하나씩 유산지로 싸서 공기
   가 잘 통하는 나무판자 상자에 한 층으로만 담는다.

🍃 감자는 햇빛에 닿지 않게 보관해야 녹색으로 변하지 않는다.
   (녹색으로 변했다면 솔라닌 독소가 매우 높다는 뜻이어서 이런 경우는
   버리는 것이 안전하다.) 자루에 담거나 신문지나 짚을 깐 나무
   상자에 담아서 보관한다.

🍃 비트나 당근은 나무상자에 약간 습한 모래나 흙과 번갈아
   쌓으면서 담는다.

- 양파나 샬롯의 경우는 한 데 엮어 시원하고 공기가 잘 통하는 곳에 걸어두면 오래 보관할 수 있다.
- 호박은 어떤 종류든 간단하다. 따뜻한 장소의 선반 위에 올려두면 된다.

· 쌓아두기 ·

예부터 뿌리채소를 보관했던 방법이다. 빗물이 고이지 않는 건조한 땅을 골라서 1.2m 정도의 지름으로 너무 깊지 않게 구덩이를 판다. 그리고 15cm 두께로 짚을 폭신폭신하게 채우고 채소를 그 위에 쌓은 다음 한 번 더 짚을 같은 두께로 덮는다. 그리고 그 위와 옆을 15cm 두께로 흙을 덮고 공기가 잘 통하도록 짚을 꽂아 작은 '굴뚝'을 만들면 완성이다. 이제 당신에게도 과거의 정원사들이 모두 자랑스러워할 만한 작물 더미가 생겼다. 아늑한 곳에서 뿌리채소는 몇 달 동안 신선함을 유지할 것이다.

3월에 리크를 먹고 5월에는 마늘을 먹으면
의사는 1년 내내 할 일이 없다.

-옛 속담

117

벌집과 닭장

◆◆◆◆

닭은 마당에서 꼬꼬댁거리며 땅바닥을 쪼고, 벌은 꽃 사이를 윙윙 날아다닌다……. 작은 가축들은 옛 정원에 꼭 필요한 존재였다. 과일, 채소, 허브와 함께 가축은 (채식주의자에게는 미안하지만) 꿀과 달걀, 심지어는 고기까지 제공하면서 텃밭 정원사에게 식재료와 영양분을 채워주었다.

· 닭 키우기 ·

1939년에 발간된 《시골 주부의 살림법(The Country Housewife's Handbook)》에서는 닭 키우기에 많은 지면을 할애하고 있다. '전 세계 시골 주부'에게 바치는 이 책은 영국의 서부켄트여성연맹협회(West Kent Federation of Women's Institutes)가 수집한 간단명료한 조언과 정보를 담은 개요서이고, 이 협회에는 집과 정원 가꾸기에 대해 모든 것을 알고 있는 놀라운 여성들이 모여 있다. 책에서는 몇 마리의 닭을 구매할지에 대해서 '부족한 것보다 많은 것이 좋다'고 조언한다. 겨울에 달걀 값이 비싸질 때를 대비하여 가족 수의 두 배 정도가 좋다고 한다.

그다음으로는 닭을 구매할 때 얼마나 어린 닭이어야 하는지(산란을 시작하기 전에 적응 기간을 줄 수 있는 16주에서 18주 정도 된 닭), 그리고 닭장은 어떤 종류여야 하는지(단열처리가 잘되고 질병 예방을 위해 건식 바닥인 것)에 대해 이야기한다. 또한, 어떤 먹이를 언제 줘야 하는지, 위생 상태는 어떻게 관리하는지, 왜 겨울에 조명을 써서 17시간 밝기를 채워야 하는지, 어떻게 병아리를 부화시키는지에 대한 조언까지 책에 가득 담겨 있다.

베테랑 정원사의 팁

닭이 낳은 달걀 중에 어떤 것이 먹어도 괜찮은 것인지 알 수 있어야 한다. 냉장고가 있기 전에는 신선도를 테스트하는 방법이 따로 있었다. 그 방법은 다음과 같다. 물 한 컵에 달걀을 넣는다. 신선하면 바닥에 가라앉고, 오래된 계란이라면 둥근 끝이 위로 가게 거의 옆으로 누울 것이다. 만약 위로 떠오른다면 당장 버려라.

· 양봉 ·

양봉은 시골의 전통으로, 옛날 정원사들은 적어도 벌집 한 통씩은 가지고 있었다. 벌통이 있으면 높은 지위를 차지할 수 있었는데, 이 황금 꿀은 말 그대로 신의 음식이었기 때문이다. 크레타 섬으로 보내진 아이, 다름 아닌 그리스 신들의 지배자 제우스는 님프가 먹여주는 꿀 덕분에 목숨을 유지했다. 더 북쪽으로 가면 북유럽 신의 아버지인 외눈 마법사 오딘 역시 벌꿀로 만든 술을 먹고 모든 것을 꿰뚫어 보는 지혜를 얻었다.

벌의 종류는 수천 가지가 있고 남극을 제외한 전 세계에서 만날 수 있다. 무리 생활을 하는 종으로는 서양꿀벌, 호박벌이 있고 독립 생활을 하는 종으로는 뿔가위벌, 가위벌이 있다. 옛날 시골 정원사들은 벌집에 서식하는 꿀벌이 가장 익숙했을 것이다.

5월의 벌 떼는 건초 한 더미만큼 유용하고,

6월의 벌 떼는 은수저만큼 값지고,

7월의 벌 떼는 파리만도 못하다.

-옛 속담

벌꿀로 만든 기침약 ☕

꿀은 자연적으로 결정화가 일어나는데, 어떤 꽃의 꿀이냐에 따라 달라지기도 하고, 또는 너무 차가운 곳에 보관해도 쉽게 변한다. 다시 원래 상태로 만들고 싶다면 꿀이 변질되지 않도록 천천히 따뜻하게 녹이면 된다. 꿀을 이용한 재미있는 민간요법이 하나 있다. 마른 기침이 잦다면 결정화된 꿀 작은 숟가락 하나에 버터 한 조각을 섞어서 작은 공 모양으로 빚은 후 입안에서 천천히 녹여 먹으면 된다. 아이들이 특히 좋아할 것이다.

· 벌의 비밀 생활 ·

모든 벌은 유능한 일꾼이지만 꿀벌은 특히 더 놀랍다. 이 엄청
난 곤충에 대해 더 깊이 알아보자.

- 꿀을 만든다는 건 매우 힘든 일이다. 꿀벌 한 마리가 450g
  병 하나를 채우려면 200만 송이의 꽃에서 꿀을 모아야 한다.
- 벌들은 꿀이 있는 장소를 찾으면 '8자 춤'을 추면서 동료들
  에게 좋은 소식을 전달한다.

꿀

꿀벌 ☙ 개의 후각이 남다르다는 사실은 이미 유명하다. 개는 인간보다 50배 더 뛰어난 후각을 가지고 있다. 그런데 꿀벌은 이를 훨씬 능가한다. 꿀벌의 후각이 개보다 50배 더 민감하다고 한다.

☙ 벌은 다른 색보다 보라색을 가장 선명하게 볼 수 있는 반면, 빨간색은 전혀 구별하지 못한다.

☙ 꿀을 만드는 것은 타고난 능력이 아니다. 어린 일꾼들은 선배 꿀벌들에게 기술을 배워야 한다.

☙ 꿀벌이 어떤 꽃에서 꿀을 모았는지에 따라 꿀의 맛이 달라진다. 토끼풀꽃 꿀은 가볍고 은은한 맛이고, 헤더꽃 꿀은 색이 어둡고 훨씬 진하고 강한 맛이 난다.

밀랍으로 만든 가구광택제

꿀 향이 나는 밀랍 가구광택제는 집을 매우 안락하게 만들어준다. 광택제를 만드는 간단한 레시피가 있다. 밀랍 28g을 작게 잘라서 병에 넣고 찻잔 한 잔 분량의 테레빈유를 붓는다. 따뜻한 물을 담은 그릇에 병을 넣어 따뜻한 장소에 두고 밀랍이 천천히 녹기를 기다린다. 다 녹으면 병을 꺼내 뚜껑을 덮으면 완성이다. 반질반질 광나는 나무를 원한다면 약간의 광택제와 고된 노동만 있으면 된다.

· 벌에 쏘였을 때 ·

운 나쁘게 벌이나 말벌에게 쏘였다면 여기 15세기의 조언을
참고하라.

> 야생 아욱 잎을 붙여놓으면 침을 뽑아내기 좋다.
>
> 거위 똥은 말벌의 독을 제거한다.
>
> 꿀에 소금과 식초를 섞은 것도 좋다.
>
> 월계수 잎 오일도 벌침에 좋다.
>
> -야코프 메이덴바흐,《건강의 정원(*Hortus Sanitatis*)》(*1491*)

빵은 몸을 살찌우지만, 꽃은 영혼을 살찌운다.

-코란

6

꽃 정원

　많은 사람들에게 '정원'은 꽃으로 가득 찬 야외 공간을 의미한다. 관상용 정원은 꽃의 빛깔과 모양, 향, 그리고 곤충들의 윙윙거림까지 우리의 다양한 감각을 즐겁게 하는 기쁨의 장소다. 우리가 일반적으로 정원 하면 떠올리는 꽃으로는 고풍스러운 분위기의 장미, 스위트피, 꽃무, 디기탈리스, 접시꽃, 제비꽃, 양귀비, 수레국화, 한련, 락스퍼 등이 있다.

정원의 멋을 내다

♦♦♦♦

전형적인 옛날 시골 정원은 정원사가 씨앗이나 구근, 잘라낸 줄기에서 키우거나 또는 식물 스스로 씨를 뿌려서 피어난 자연스러운 색색의 꽃들이 사랑스럽게 뒤섞여 있는 모습이었다. 이처럼 고풍스러운 멋을 뽐내면서도 실용적인 공간이기도 했던 정원에서는 식물들이 맡은 바 역할을 해내야 했다. 어떤 꽃은 약재로 쓰기 위해 재배했고 그 옆에는 식재료가 되어줄 채소, 그리고 달걀을 주는 닭도 함께 키웠다. 이런 시골 정원만의 분위기를 만드는 비결은 바로 형식에 얽매이지 않는 것이다. 다시 말해 정원의 외관을 위해 너무 열심히 노력하지 않아도 된다는 뜻이다.

어떤 것을 심어야 하는지 아는 것만큼 어떤 것을 심지 말아야 하는지도 알아야 한다. 옛날 시골 정원의 분위기를 내고 싶다면 피해야 할 식물이 있다.

126

- 신서란이나 야자나무 같은 '건축적'인 식물은 현대적이고 도시적인 정원에 잘 어울린다.

- 바나나, 야자나무, 칸나 같은 세심한 관리가 필요한 열대식물은 서늘해지면 원예용 보온재를 둘러줘야 하고 겨울에는 실내로 옮겨야 한다. 옛 정원사라면 너무 호들갑 떤다고 말했을 것이다.

- 토피어리 식물은 대저택 정원을 상징한다. (하지만 동물 모양처럼 작고 특이한 토피어리라면 스타일을 해치지 않는 선에서 위트를 줄 수 있을 것이다.)

다음 꽃 목록을 살펴보고 정원을 꾸미는 데 좋은 아이디어를 얻어보자. 가장 유용한 특징(향기가 나거나 그늘에서 자라는 특징)으로 분류했지만, 어떤 꽃은 하나 이상의 카테고리에 포함되어 있기도 하다. 예를 들어 향기제비꽃은 '향기로운 꽃' 목록에 들어 있지만 그늘에서 자라기도 한다.

정원의 수직면도 놓치지 말자. 인동덩굴이나 재스민을 키워 벽과 담장을 기어오르게 하거나, 진정한 고전의 멋을 원한다면 대문 주위에 장미를 길러라.

· 겨울과 봄의 꽃 ·

라일락, 물망초, 미나리아재비, 블루벨, 수선화, 스노드롭, 아네모네, 작약, 카우슬립 앵초, 크로커스, 튤립, 헤더, 헬레보어

· 여름과 가을의 꽃 ·

개박하, 갯개미취, 금어초, 금잔화(카렌듈라), 니겔라, 락스퍼, 루핀, 만수국, 서양톱풀, 수레국화, 스카비오사, 시홀리, 알리숨, 알케밀라, 양귀비, 양아욱, 장미, 절굿대, 접시꽃, 팬지, 펜스테몬, 플록스, 피튜니아, 한련, 해바라기

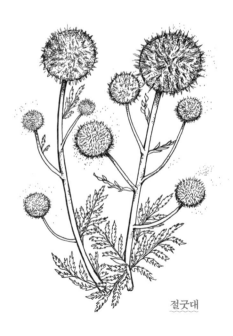

절굿대

· 향기로운 꽃 ·

고광나무, 꽃무, 담배꽃, 데임스로켓/스위트로켓, 달맞이꽃, 밤향 스토크, 백합, 수염패랭이꽃, 스위트피, 스토크, 은방울꽃, 재스민, 플록스, 향기제비꽃

은방울꽃

· 그늘을 좋아하는 꽃 ·

노루오줌, 둥굴레, 등대풀(유포르비아), 디기탈리스, 렁워트(풀모나리아), 매발톱, 숙근 제라늄, 아주가, 캄파눌라 메디움

• 알맞은 식물을, 올바른 자리에 •

옛날 정원사들이 주문처럼 되뇌던 말이 있다.

"알맞은 식물을, 올바른 자리에."

식물들의 원산지를 알면 각각 좋아하는 자리와 환경을 맞춰줄 수 있고, 따라서 더 잘 키울 수 있다. 예를 들어, 삼림지대 태생 식물은 그늘진 곳을 좋아한다. 숲속을 온통 뒤덮는 블루벨처럼 이른 봄에 피는 구근식물도 그늘에서 잘 견딘다. 이들은 숲속 나무들이 아직 울창해지지 않은 아롱진 그늘에서 꽃을 피울 수 있게 진화했다.

옛날 옛적에는

신소재가 개발되기 전에는 구명조끼에 해바라기 줄기를 채워서 부력이 생기도록 했고, 제2차 세계대전 당시 말린 한련 씨앗은 곱게 갈아서 후추 대용으로 사용했다.

식물 탐험가

♦ ♦ ♦ ♦

야생화 키우기의 인기가 높아지고 있지만, 사실 우리가 키우고 있는 '모든' 식물은 한때 이 세상 어딘가에서 피어난 야생식물이었다. 오늘날 우리에게 이렇게 다양한 선택지가 주어진 것은 식물 채집가와 재배 전문가 덕분이다.

19세기는 식물 사냥꾼이 활발하게 활동하던 시대였고, 주로 남자가 그 역할을 맡았다. 용감한 여성 여행자들은 식물을 채취하는 대신 그림을 그리곤 했다. 주목할 만한 식물 화가로는 스위스 생물학자인 마리아 지빌라 메리안(Maria Sybylla Merian, 1647~1717)과 영국의 메리앤 노스(Marianne North, 1830~1890)가 있다.

폭풍, 해적, 산적, 성난 동물 떼, 산사태까지 빅토리아 시대 식물 탐험가가 견뎌야 했던 위험한 상황은 매우 많았지만, 그들이 마침내 성공할 수 있었던 이유는 바로 워디언 케이스(Wardian case)의 발명 덕분이었다. 이것은 오늘날 테라리엄(terrarium)의 시초다. 이 밀봉된 유리 돔은 탐험가가 채취한 식물을 유럽으로 돌아오는 긴 항해 기간 동안 안전하게 보호해주었다. 바로 이들이 발견했던 야생 식물의 후손이 오늘날 우리 정원에서 자라고 있다. 그래서 식물의 종명(예를 들어 진달래속 식물인 '로도덴드론 포레스티 (*Rhododendron forrestii*)', '로도덴드론 포르투나이(*Rhododendron fortunei*)')을 살펴보면 종종 누가 처음 이 식물을 발견했는지 알 수가 있다.

- 로버트 포튠(Robert Fortune, 1812~1880)은 중국과 일본에서 가져온 진달래, 국화, 모란 등 총 200여 종의 식물을 서양의 정원에 처음 소개했다. 하지만 포튠이 맡은 가장 유명한 임무는 동인도회사의 산업스파이로 당시 중국이 독점하고 있던 차 생산의 비밀을 캐 오는 일이었다. 포튠은 변장을 하고 중국말을 구사하여 차 공장에 침투해 제작과정을 직접 관찰할 수 있었다. 게다가 2만 그루의 차나무를 싣고 돌아왔고, 그 결과 인도의 차 산업을 확립하는 데 큰 공을 세우게 된다.
- 리갈백합은 어니스트 '차이니스' 윌슨(Ernest 'Chinese' Wilson, 1876~1930)이라는 사람이 중국 남서부에서 발견하여 서양에 들여왔다.
- 진달래속 식물과 오늘날 동백나무의 조상은 조지 포레스트(George Forrest, 1873~1932)가 중국에서 발견했다.
- 오늘날 스위트피의 조상인 야생 스위트피는 1695년에 시칠리아의 프랜시스 쿠파니(Francis Cupani) 신부가 발견했다고 한다. 그리고 1800년대 말에 스코틀랜드의 원예사 헨리 엑퍼드(Henry Eckford)가 현대 품종을 개량했다.
- 한련은 스페인 정복자들이 15세기 말에 페루에서 유럽으로 가지고 왔던 식물종의 후손이다.
- 해바라기의 원산지는 아메리카대륙으로, 4,500년 전 아메리카 원주민들에게 중요한 식량으로 재배되었다. 그리고 16세

기 초에 유럽인에게 우연히 발견되어 유럽에 발을 들이게 된다. 해바라기는 진정한 태양 숭배자로서 굴광성이라는 현상으로 인해 태양 쪽으로 굽어 자란다.

· 튤립광 시대 ·

터키에서 유래된 튤립은 그 모양이 터번을 닮았다 하여 터키어로 터번을 뜻하는 '듈리밴드(duliband)'에서 이름을 땄다고 한다. 17세기 네덜란드 사람들은 동쪽에서 온 새로운 꽃의 등장에 너도나도 열광했다. 튤립 구근은 터무니없이 높은 가격에 거래되었고, 결국 '튤립광'이라고 불리는 집착이 탄생하게 된다. 1637년에는 특정 품종 구근이 당시 네덜란드 화폐로 3,000~4,200길더에 거래되었는데, 이는 공예 기술자가 받는 연봉의 열 배나 되는 금액이었다. 현재 가치로 환산하면 거의 5억 원에 달하는 금액이다. 오늘날 네덜란드의 드넓은 튤립 꽃밭들은 당시의 격렬했던 시절을 떠올리게 한다.

튤립

꽃의 힘

♦♦♦♦

금잔화처럼 오랜 약초의 혈통을 지닌 꽃들이 있다. 1500년대 말, 영국의 식물학자 존 제라드는 '충혈되고 눈물이 자주 나는 눈'의 치료제로 금잔화 꽃과 잎으로 만든 약을 소개한 적이 있다. 1860년대 미국 남북전쟁 때는 의사들이 상처를 치료하는 데 말린 금잔화 꽃잎을 사용하기도 했다. 우리 할머니들도 쐐기풀에 찔렸을 때 금잔화 잎을 붙여서 치료했다. 또 가정에서 금잔화 화장수를 만들기도 했는데, 꽃 몇 송이를 물에 넣고 20분 정도 끓인 후에 꽃을 거르고 식혀서 피부에 발랐다.

할머니가 되기 훨씬 전 젊은 여성이었을 때는 연애 문제에 있어서 도움이 필요했다. 해결책은 바로 금잔화를 넣은 사랑의 묘약이었다. 화려한 금잔화에는 초월적인 힘이 있다고 믿었기 때문이다. 그래서 16세기에는 금잔화 묘약을 한두 모금 마시면 요정의 존재가 보인다고 믿거나, 금잔화 꽃잎을 침대에 뿌려놓으면 밤새 강도가 들지 않는다고 생각했다.

델피니움의 일년생 품종인 락스퍼 역시 쓸모가 많다. 사람들은 락스퍼가 벼락이나 전갈, 뱀 또는 마녀나 유령 같은 존재까지, 피하고 싶은 것들로부터 지켜준다고 생각했다. 좀 더 실용적이고 일상적인 용도로는 유럽 사람이나 아메리카 원주민이 푸른색 염색약으로 사용하기도 했다.

어떤 꽃은 독성이 있지만 신중하게 사용하면 그 독성물질이 치료제의 주성분이 되기도 한다. 디기탈리스에서 추출한 디곡신은 심장질환 치료제로 사용된다. 알츠하이머 치료제로 쓰이는 갈란타민은 수선화나 갈란투스의 알뿌리에 들어 있는 성분으로 개발한 약이다.

플라워 오일 🍵

오래된 레시피를 활용해 향기로운 오일을 만들어보자. 도기 병 안에 올리브유를 적신 솜을 한 층 쌓는다. 그 위에 장미, 꽃무, 재스민, 카네이션처럼 향기 나는 꽃으로 또 한 층을 쌓는다. 그리고 계속 솜과 꽃을 번갈아 병이 가득 찰 때까지 쌓는다. 뚜껑을 단단히 닫고 해가 잘 드는 곳에 그대로 둔다. 일주일이 지나면 병 안의 내용물을 꺼내서 꽃은 버리고 솜에 스며든 오일을 짜내어 병에 담는다. 이제 오일에는 꽃 향이 잘 배어들었고, 짜고 남은 솜은 서랍장 속에 넣어 방향제로 사용할 수 있다.

식용 꽃

♦♦♦♦

다양한 꽃들이 식재료로 식탁에 오르곤 했다. 그중 몇 가지를 소개한다.

✎ 한련은 미식가의 꽃이라는 오랜 역사를 가지고 있다. 과거

잉카족이 샐러드나 약초로 사용했고, 아직도 한련의 꽃과 톡 쏘는 맛의 잎은 샐러드 재료로 자주 사용되고 있다. 식초절 임을 담글 때도 케이퍼(카파리스속 식물의 꽃봉오리) 대신 한련 씨를 사용하면 비용을 절약할 수 있다.

- 옛날에는 앵초 꽃을 버터와 설탕에 튀겨서 디저트로 먹었고, 빅토리아 여왕의 총애를 받았던 영국 수상 벤저민 디즈레일 리가 매우 좋아하는 요리였다고 한다.

- 카렌듈라, 즉 금잔화는 스튜나 수프의 풍미를 더하거나 버 터, 치즈, 커스터드의 진한 색감을 내기 위해 사용되었다. 게 다가 크로커스 꽃에서 추출한 세상에서 가장 비싼 향신료인 새프런의 저렴한 대체품이기도 했다.

- 장미 꽃잎과 제비꽃은 약간 휘핑한 계란 흰자와 설탕을 묻 혀서 굳힌 후 케이크나 디저트를 장식할 때 사용한다.

샐러드 그릇에 한련 꽃 한 접시와

잘게 다진 처빌 1테이블스푼을 넣고,

소금 1/2티스푼과 올리브 오일 2~3테이블스푼,

레몬 한 개 분량의 즙을 모두 넣는다.

숟가락과 포크로 샐러드를 잘 섞은 후 상에 올리면 된다.

-투라비 에펜디, 《터키 요리책(The Turkish Cookery Book)》(1864)

장미 꽃잎 젤리 🍜

이 멋진 레시피만 있으면 정원의 향기를 식탁에도 올릴 수 있다. 두 컵 분량의 장미 꽃잎과 따뜻한 물 두 컵, 설탕 2.5컵, 묽은 꿀 2테이블스푼, 레몬즙 1티스푼이 필요하고, 선택사항으로는 빨간 식용색소 한두 방울도 있으면 좋다.

꽃잎을 1cm 두께로 채썰기하고 밑동은 잘라낸다. 꽃잎을 물에 넣고 10분 정도 또는 부드러워질 때까지 끓인다. 다 끓였다면 꽃잎은 건져서 잠시 꺼내둔다. 이때 물 양은 1.5컵 정도로 줄어들어 있어야 한다. 설탕과 꿀을 넣고 5분 정도 약하게 끓인 후 건져두었던 꽃잎도 마저 넣는다. 그리고 아주 약한 불에서 40분 정도 더 끓이면서 바닥이 타지 않도록 자주 저어준다. 마지막으로 레몬즙을 넣고 색소가 있다면 지금 넣어서 20분을 더 끓인다. 소독한 병에 넣고 바로 밀봉한다.

새로운 꽃이 피어나도록

♦ ♦ ♦ ♦

꽃식물은 다음 세대의 씨를 뿌리기 위해 존재한다. 바로 이런 꽃의 생명력을 이용하여 죽었거나 죽어가는 꽃을 잘라주면 새로운 꽃이 나온다. 이 작업은 정원사의 기본적인 관행으로, 흔히 데드헤딩(deadheading)이라고 부른다. 시든 꽃을 제거할 때에는 마디 부분이나 줄기 맨 아래를 잘라야 시들지 않는다.

꽃을 싱싱하게 유지하기

♦ ♦ ♦ ♦

자른 꽃을 싱싱하게 유지할 수 있는 비법을 알아보자.

- 장미처럼 줄기가 단단한 식물은 줄기를 쪼개고 아래쪽 껍질을 벗겨내면 싱싱함이 오래갈 수 있다. 꽃꽂이 전문가들은 줄기를 뭉개서 꽃병에 꽂기도 하는데, 이렇게 하면 단면이 막히지 않아서 줄기가 계속 물을 빨아들일 수 있다고 한다.
- 꽃의 줄기를 아주 뜨거운 물에 2분 정도 담갔다가 미리 차가운 소금물을 넣어둔 꽃병에 꽂는다.
- 튤립의 줄기를 신문지로 감싸서 꽃 바로 아래까지 물에 담가놓고 몇 시간 정도 물을 빨아들이게 한 뒤 꽃꽂이를 하면 싱싱한 상태를 오래 유지한다.
- 델피니움은 설탕을 넣은 물에, 수선화는 숯을 넣은 물에 담그면 꽃이 오래간다고 한다.
- 수선화는 다른 꽃과 함께 두면 안 되는데, 수선화에 들어 있는 독성이 치명적일 수 있기 때문이다.
- 꽃병에 꽃을 꽂기 전에 식초를 조금 물에 섞어라. 물이 약하게 산성화되면서 박테리아의 번식을 늦출 것이다. 구리 동전을 넣어도 같은 효과를 볼 수 있다.
- 물속에 잠기는 잎은 모두 제거하여 썩지 않도록 한다.

꽃이 시들었다면 달달한 자극이 필요할 때다. 먼저 줄기 끝에서 2.5cm 정도 떨어진 곳을 비스듬히 자른다. 꽃병을 깨끗하게 씻고 미지근한 물을 채워 설탕 3티스푼을 넣어 섞는다. 그리고 꽃을 꽂는다. 설탕물을 들이켜고 나면 다시 기운을 차릴 것이다.

장미 식초와 제비꽃 식초

향기로운 꽃 식초를 만들어서 요리에 쓰거나 주변에 선물해보자. 장미 식초를 만들려면, 먼저 잼 병에 꽃잎을 채우고 화이트와인 식초를 부은 다음, 뚜껑을 꽉 닫아 햇빛이 들거나 따뜻한 장소에 3주 정도 향이 우러나오게 둔다. 그리고 체에 거른 뒤 병에 옮겨 담으면 된다. 제비꽃 식초는 방법이 약간 다르다. 병에 제비꽃을 반 정도 채우고 끓인 화이트와인 식초를 그 위에 붓는다. 그리고 차게 식힌 후 꽃은 건지고 병에 옮겨 담는다.

꽃으로 마음을 전하세요

♦♦♦♦

지난 몇 백 년 동안 세계 각국에서는 다양한 꽃에 저마다의 특별한 상징을 붙여왔다. 처음 꽃말이라는 개념을 사용한 것은 오스만제국을 통치했던 오스만 왕조가 꽃이나 다른 물건을 이용해 간접적으로 메시지를 전달했던 것이 시초라는 설이 유력하다.

1718년에 메리 워틀리 몬터규(Mary Wortly Montagu) 부인이 터키 주재 영국 대사였던 남편과 함께 콘스탄티노플(오늘날 이스탄불)에 살면서 썼던 편지 속에 이러한 풍습이 잘 묘사되어 있다. 꽃말의 풍습은 곧 유럽 그리고 미국으로 퍼져나갔고 빅토리아 시대에 그 인기가 절정에 달했다. 꽃은 입이 무거운 빅토리아 시대 사람들이 감히 입 밖으로 내지 못하는 메시지를 전달하는 하나의 방식이었다. 집집마다 비밀 언어를 해석하기 위해 꽃 '사전'을 가지고 있기도 했다.

리본이 묶인 위치나 꽃이 놓인 방식에도 중요한 의미가 있었기 때문에 숨겨진 메시지를 온전히 이해하려면 세심하게 살펴봐야 했다. 전통을 고수해온 우리의 할머니들은 꽃 암호를 풀 수 있었을 것이다.

꽃말은 하나로 정해져 있지 않고 출처에 따라 그 의미가 달라지기도 하지만, 빅토리아 시대 꽃 사전에서 찾을 수 있는 몇 가지 공통적인 꽃말이 있다.

금잔화 슬픔

꽃무 충실함

락스퍼 경솔함

블루벨 친절함

빨간 장미 낭만적인 사랑

빨간 튤립 열정적인 사랑의 선언

수선화 자기애 (고대 그리스 신화의 아름다운 청년 나르키소스의 이름을 따서 지었는데, 그는 물에 비친 자신의 모습만 바라보았다고 한다.)

수염패랭이꽃 용맹함

아네모네 상실, 슬픔 (아네모네는 밤에 꽃잎을 닫기 때문에 요정이 그 안에서 잠을 잔다는 말이 있다.)

양귀비 위안

은방울꽃 순수함

한련 애국심

꽃은 아기도 이해할 수 있는 언어다.

–아서 클리블랜드 콕스 주교

자연은 쇠스랑으로 내쫓을 수 있지만, 결국엔 다시 되살아난다.

-옛 속담

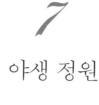

7
야생 정원

한번 상상해보자. 따뜻한 여름날 오후, 당신은 해먹에 느긋하게 누워서 벌의 나른한 날갯짓 소리와 맑은 새소리를 자장가 삼아 듣고 있다. 이곳이 바로 천국인가? 아니다, 당신의 정원이다. 1888년에 예이츠는 그의 유명한 시 〈이니스프리 호수의 섬(The Lake Isle of Innisfree)〉에서 이와 비슷한 장면을 묘사한 적이 있다.

> 아홉 이랑 콩밭 일구고 벌집 짓고
> 벌 떼 소리 요란한 숲에서 홀로 살리라.

이 시가 쓰였던 19세기 이후로 막대한 생물종의 감소가 있었지만, 야생 생물을 환영하는 환경으로 가꾼다면 '벌 떼 소리 요란한' 정원을 갖는 게 불가능한 일도 아니다. 야생 생물과 자연을 보호하는 일에 노력을 기울인다면 정원사도 영향력 있는 환경운동가가 될 수 있다. 정말 다행인 점은 우리가 자연을 도우면, 자연도 그에 대한 보답을 준다는 것이다. 그러면 다음과 같은 일이 일어난다.

- 살충제, 제초제, 살균제 같은 화학물질을 쓰지 않는 정원이 된다.
- 당신의 정원을 아름답게 만들어줄 벌과 나비, 새, 다른 야생 동물들이 더 많이 모여든다.
- 고된 노동이 줄어들고 조금 게을러질 수 있다. 자연이 그 일을 대신할 것이다.
- 우쭐한 기분이 든다. 왜냐하면 당신은 옳은 일을 하고 있다는 사실을 잘 알고 있기 때문이다.

우리의 목표는 가능한 한 정원을 독립적인 생태계로 바라보는 것이다. 즉, 생태계의 균형을 바로잡아서 포식자와 수분매개자 그리고 자연이 당신의 수많은 일을 대신하게 할 것이다. 균형이 맞춰지기까지 시간은 걸리겠지만 신념을 가지고 꾸준히 노력

해야 한다. 새나 곤충과 같은 야생 생물이 좋아하는 환경을 만들면 신비하게도 모두 제 발로 정원을 찾아온다. 예전에는 이런 정원을 부르는 이름이 따로 없었다. '유기농' 정원이라는 말도 없었다. 정원사라면 당연히 하는 일이었다.

수분매개자 유인하기

♦ ♦ ♦ ♦

옛날 정원사들이 그랬던 것처럼 꿀이 풍부한 꽃을 심어서 수분매개자를 유인하도록 하자. 일반적으로 수분매개자가 찾는 것은 장미나 달리아처럼 크고 화려하게 시선을 끄는 꽃이 아니다. 이런 경우는 오히려 꽃잎이 방해된다. 이들은 가장 안쪽에 있는 꿀에 쉽게 접근할 수 있도록 꽃잎이 단순하게 열려 있는 꽃을 좋아한다. 또한 우리한테는 시시해 보이는 작은 꽃을 좋아하기도 한다.

이 중요한 일꾼들이 꿀을 빨아들이는 동안 몸에 꽃가루가 묻게 되고 옆에 있는 같은 종의 꽃으로 옮겨주면 '짠!' 하고 수분이 이루어진다. 이 완벽한 공생관계 속에서 씨앗이 자라고 다음 세대가 태어난다.

꽃은 꿀이라는 보상 말고도 수분매개자를 유혹하는 여러 가지 방법을 가지고 있다. 어떤 꽃은 향기로 유혹하거나 모양이나 색으로 시선을 끈다. 또는 수분매개자에게 길을 알려주기 위해 꽃잎의 무늬를 '꿀 안내길'로 이용하기도 한다. 꽃잎의 선명한 입구 표시는 자외선을 식별하는 생명체에게만 보이는 것으로 우리 인간의 눈에는 보이지 않는다. 게다가 가늘고 긴 줄기의 꽃이 흔들릴 때 곤충의 시선을 더 잘 끈다는 과학적인 발견도 있다. 마치 '바로 여기야!'라고 손짓하는 것처럼 말이다.

옛날 정원사는 꽃의 유혹에 관한 과학적인 지식은 없었을 테지만, 꽃가루 매개충이 정원에 얼마나 중요한 존재인지는 분명 잘 알고 있었을 것이다.

· 수분매개자를 위한 식물 ·

서로 다른 계절에 꽃을 피우는 식물을 심어두면 수분매개자에게 1년 내내 맛있는 꿀을 제공할 수 있다. (곤충 대부분이 휴면하는 겨울은 제외한다.)

벌에게 가장 좋아하는 꽃 열 가지를 뽑으라고 한다면 그중에서도 라벤더가 1위를 차지할 것이다. 직접 길러본 사람이라면 잘 알겠지만, 라벤더 주위에는 항상 꽃향기와 달콤한 꿀의 유혹에 홀린 온갖 종류의 벌이 날아다닌다. 나비에게는 부들레이아가 제일 인기다. 그래서 부들레이아는 나비를 끌어당긴다 하여 '나비 덤불'이라고 부르기도 한다. 가을이면 수수한 아이비 꽃이 풍기는 달콤한 향이 추워지기 전에 꿀을 마셔두려는 늦깎이 벌과 다른 수분매개자에게 참을 수 없는 유혹이 된다. 그다음으로는 잘 익은 블랙베리가 검은지빠귀에게 잔치를 열어준다.

　요즘에는 원예용품점에서 종종 씨앗이나 식물에 '벌이 좋아하는 꽃' 라벨을 붙여놓기도 해서 식물을 고를 때 큰 도움이 된다. 당신의 정원에서 벌 같은 수분매개자를 환영하는 것만큼 기쁜 일이 또 있겠는가? 계절별로 벌이 찾아드는 꽃식물을 알아보자.

부들레이아

늦겨울/봄

겨울에 피는 클레마티스

과일나무 꽃

노랑너도바람꽃

렁워트(풀모나리아)-벌이 사랑하는 분홍색과 파란색의 작은 꽃이 핀다.

로즈메리

물망초

버드나무 미상꽃차례

뿔남천

스노드롭

아주가

크로커스

헤더

홑꽃 헬레보어

여름

개장미

달맞이꽃

매발톱

베르가모트

보리지

블랙베리(늦봄/초여름)

숙근 제라늄

스카비오사

시홀리(에린지움)

알리움

양귀비

에키네시아

절굿대

해바라기

늦여름/가을

갯개미취

버들마편초

세둠

세이지

수레국화

아이비

일본 아네모네

티즐

보리지

· 혀가 긴 벌을 위한 꽃 ·

긴 관 모양의 꽃은 적절한 도구가 있어야만 꿀을 먹을 수 있다. 호박벌 같은 벌이 이에 적합한 긴 혀를 가지고 있지만, 그래도 꿀을 마시려면 꽃 안으로 들어가야 한다. 복슬복슬한 호박벌의 꽁무니가 꿈틀꿈틀 꽃 안으로 사라지는 모습을 관찰해보자! 이런 친구들의 배를 불릴 수 있는 꽃 종류는 다음과 같다.

- 금어초
- 디기탈리스
- 인동덩굴
- 펜스테몬

· 나방을 위한 꽃 ·

나방은 밤에만 활동하기 때문에 눈치채지 못했겠지만, 사실은 매우 중요한 수분매개자이다. 아무리 화려한 빛깔과 무늬라고 해도 어두운 곳에서는 별로 쓸모가 없기 때문에 꽃은 야행성 조력자를 유인할 수 있는 다른 방법도 마련해야 했다. 그것은 바로 향기를 풍기는 것이다. 저녁에 향기가 나는 식물을 기르면 당신에게도 득이 된다. 포근한 저녁에 정원에 앉아 있으면 나른하게 풍겨오는 꽃향기를 상상해보라.

- 달맞이꽃
- 담배꽃
- 인동덩굴
- 재스민

옛날 옛적에는

사람들이 식물에 붙였던 이름을 살펴보면 과거에 어떻게 쓰였는지를 알 수 있다. 예를 들어, 풀모나리아 또는 렁워트(lungwort)는 잎에 있는 점박이 무늬가 폐(lung)와 닮았다고 생각해서 폐질환을 치료하는 데 사용했다. 말린 티즐(teasel) 꽃은 가시로 뒤덮인 표면 때문에 직물공장에서 작업자들이 직물을 빗는 용도로 사용했고, 그래서 '빗다(tease)'라는 단어를 따 이름이 붙었다.

골치 아픈 쐐기풀?

♦ ♦ ♦ ♦

쐐기풀은 가시로 찌르기만 하고 아무런 쓸모가 없다. 과연 그럴까? 사실 쐐기풀은 먹이사슬에서 매우 중요한 역할을 맡고 있다. 여기에서도 대자연이 만든 놀라운 공생관계를 엿볼 수 있다. 쐐기풀의 역할은 다음과 같다.

1 쐐기풀 잎에 난 텅 빈 가시 안에는 독이 들어 있다. 쐐기풀을 건드리면 미세한 가시가 부러지면서 따끔거리는 독이 퍼진다. 이러한 방법으로 쐐기풀은 방목 가축 같은 동물들로부터 자신을 지킨다.

2 쐐기풀 잎은 무당벌레와 같이 몸집이 작은 무척추동물에게 은신처를 제공한다. 붉은제독나비, 쐐기풀나비, 공작나비 같은 나비나 나방들은 식량이나 주요 번식지로 쐐기풀을 주로 이용한다.

3 무척추동물이 많아지면 이들의 천적인 개구리, 고슴도치, 새 등이 찾아와 쐐기풀에 열린 만찬을 포식한다.

가시 많은 풀이 당신의 정원에서 마음대로 자라나길 원치는 않겠지만, 한쪽 자리를 내주고 자연을 돕는 일 정도는 할 수 있을 것이다. 쐐기풀이 많이 자라서 조금 정리해야 한다면 꼭 두꺼운 원예장갑을 끼고 팔을 덮는 긴 옷을 입길 바란다. 뿌리에서부터 줄기를 자르면 더 이상 독이 흐르지 않아서 잎도 따갑지 않을 것이다.

야생에서 얻은 식재료로 영양가 있는 쐐기풀 수프를 끓이거나 수천 년 전에 존재했던 레시피에 도전해볼 수도 있다. 예를 들어 쐐기풀 푸딩은 쐐기풀과 보릿가루, 물을 섞어서 만든다.

～～～

…그곳에서 우리는 오늘 올 사람들을 위해 끓여놓은

쐐기풀 죽을 먹었는데, 매우 맛이 좋았다.

-새뮤얼 피프스의 일기, 1661년 2월 25일

베테랑 정원사의 팁 🛒

현명한 베테랑 정원사와 함께 산책을 하다가 당신이 갑자기 쐐기풀에 찔렸다면, 그는

가장 가까이에 있는 소리쟁이 잎을 따서 쓰라린 부위에 문지르게 할 것이다. 사람들

은 소리쟁이 잎을 문지르면 시원하고 촉촉한 즙이 나오기 때문에 치료 효과가 있다

고 믿었다. 응급처치 후 집에 돌아오면 정원사 친구는 깨끗한 천에 식초를 묻혀 상처

부위에 발라줄 것이다.

야생식물인가 잡초인가?

♦♦♦♦

불과 얼마 전까지만 해도 정원사들은 강력한 제초제(대부분은 현

재 금지되었다)를 이용해 잡초를 해치우는 것을 당연하게 여겼다.

자연에게 누가 진정한 보스인지 보여줘야 했다! 그런데 문제는

이런 접근 방식으로 인해 야생 생물이 살기 어려운, 엄격히 관리

되고 통제되는 정원이 만들어졌다는 것이다. 우리가 '잡초'라고

분류했던 식물은 사실 야생 생물을 살아가게 하는 식물이었다.

그렇다면 '잡초'란 도대체 무엇인가? 누군가는 단지 잘못된 장소에 피어난 꽃이라고 말한다. 일단 우리는 이 야생식물(사실 이게 진짜 이름이니까)이 매우 강인하고 번식력이 뛰어나다는 점을 인정해야 한다. 잡초의 문제는 너무 활동적이라서 상대적으로 연약한 식물들과 영양분, 수분, 자리를 두고 경쟁을 한다는 점이다. 번식력이 강한 잡초의 예로는 민들레가 있다. 민들레꽃 하나는 약 180개의 씨를 만들고, 그냥 자라게 두면 3년 뒤에는 5,000개체까지 번질 수 있다고 한다!

마찬가지로 땅 위를 점령하는 식물로는 서양메꽃이 있다. 서양메꽃은 하얗고 예쁜 꽃을 피우지만, 안타깝게도 악당 기질이 있다. 마치 하늘 높이 솟아오르는 잭의 콩나무처럼 이 덩굴식물은 주변에 기댈 수 있는 것은 무엇이든 감고 올라가면서 정원사가 땀 흘려 키우고 있는 식물의 숨통까지 조여온다. 서양메꽃은 땅 밑에 아주 작은 뿌리만 남아 있어도 끝까지 살아남는다. 그래서 옛날에는 이 식물을 없애려면 어쩔 수 없이 독한 화학물질을 사용하는 수밖에 없다고 생각했었다.

그렇다면 야생 생물을 돕는 잡초를 일부 남겨두면서도 정원을 전부 장악하지 않도록 균형을 잡으려면 어떻게 해야 할까? 일단 마음을 조금 느긋하게 가지고 꼭 필요한 곳에만 독성이 없는 방법을 사용해야 한다.

· 잡초의 발아 막기 ·

별꽃 같은 한해살이 잡초를 관리하는 비법은 씨를 뿌리지 못하게 하는 것이다. 씨가 발아하게 되면 다음 세대의 잡초가 자라고 만다. 괭이질을 할 수도 있지만, 그럴 경우 꽃이 피기 전에 작업해야 한다. 또는 일부러 땅을 파지 않기도 하는데, 땅을 파면 씨앗이 햇빛을 받아 발아할 수 있기 때문이다.

한번 씨가 퍼지면 7년 동안 잡초를 뽑아야 한다.

-옛 속담

· 햇빛 차단하기 ·

서양메꽃이나 개밀과 같이 끈질긴 여러해살이 잡초라고 할지라도 광합성을 하고 성장하기 위해서는 잎에 햇빛이 닿아야 한다. (광합성이란 식물이 빛 에너지를 당과 에너지로 전환하는 과정을 말한다.)

영양분을 만드는 중요한 공급원을 없애면 잡초도 결국엔 굴복할 것이다. 잡초의 윗부분을 잘라내고 판지를 몇 겹으로 덮은 다음 그 위에 10~15cm 두께로 흙을 쌓아둔다. 아니면 시중에 판매하는 잡초 방지 매트를 사용해도 된다.

잡초를 뽑을 때 어떤 것이 잡초이고 귀중한 식물인지
확실히 알 수 있는 가장 좋은 방법은 잡아당겨 보는 것이다.
만약 땅에서 쉽게 뽑힌다면 잡초가 아니다.

-잡초에 관한 속설

· 물 뿌리기 ·

보도블록 사이의 잡초를 뽑느라 시간을 낭비할 필요 없다. 믿기 어렵겠지만 너무 간단하고 효과적인 방법이 있다. 끓는 물을 부으면 된다! 좀 잔인하다고 느껴질 수 있지만, 독한 화학약품을 쓰는 것에 비하면 양반 아닌가? 이 과정에서 약간 양배추 삶는 냄새가 날 수 있지만, 잡초는 뿌리까지 죽을 것이다.

또 하나 기발한 방법이 있다. 잡초에 소금을 뿌려놓고 기다리면 비가 내려서 나머지 일을 처리해줄 것이다.

· 경쟁을 붙여라 ·

잡초 사이사이에 만수국아재비를 심어라. 만수국아재비의 뿌리는 주변 식물의 성장을 억제하는 화학물질을 발산한다. 그래서 서양메꽃같이 끈질긴 잡초에도 효과를 볼 수 있다. 하지만 주변의 귀중한 식물도 똑같은 영향을 받을 수 있기 때문에 잡초가 있는 곳에만 이 방법을 사용하도록 하라.

5월에 엉겅퀴를 베면 다음 날 다시 자라나고,
6월에 엉겅퀴를 베면 얼마 있다가 다시 자라나며,
7월에 엉겅퀴를 베면 완전히 죽을 것이다.

-옛 속담

· 괭이질하기 ·

괭이는 정원사의 무기고에서 가장 유용한 도구로 꼽힌다. 꾸준히 괭이질을 하면 서양메꽃 같은 끈질긴 여러해살이 잡초도 항복하고 만다. 물론 다른 식물도 함께 베어버리지 않도록 잡초와 다른 식물 사이의 공간이 충분할 때에만 가능한 방법이다. 반면, 괭이질을 너무 깊게 해도 잡초 씨가 땅에 묻혀 발아할 수 있으니 주의해야 한다. 괭이질은 건조한 날씨에 하는 것이 효과적이다.

번식력이 강한 민들레(dandelion)는 잎 모양이 '사자의 이빨'을 닮았다 하여 이를 뜻

하는 프랑스어 'dents de lion'에서 따온 이름이다. 또 다른 별명으로는 'pis-en-lit', 즉

'오줌싸개'도 있는데 샐러드로 많이 먹는 민들레 잎이 이뇨작용을 일으켜서다. 뿌리

는 예부터 가루로 빻아서 속쓰림이나 변비에 약으로 썼고, 꽃으로는 술이나 차를 만

들 수 있다.

포식자 유인하기

♦♦♦♦

8장에서 설명하게 될 동반식물은 자연 그대로의 옛날식 정원

을 관리하는 방법이다. 동반식물은 해충을 예방하는 것 말고도

많은 일을 한다. 바로 소중한 식물을 먹어치우는 해충의 천적을

유인하는 것이다.

진딧물이나 먹파리 같은 해충을 예로 들어 어떻게 이러한 관계

가 가능한지 알아보자. 이 작은 해충들은 식물의 수액을 빨아 먹

으면서 성장을 방해하고 병까지 퍼뜨린다. 식물에 해충이 살고

있는지 알고 싶다면 줄기를 타고 이동하는 개미 떼가 있는지 확

인하면 된다. 개미와 진딧물은 공생관계를 이룬다. 개미는 진딧

물이 배출하는 끈적한 단물을 받아먹고, 그 보답으로 포식자로부

터 진딧물을 보호한다.

해충의 천적이 좋아하는 꽃식물을 심으면 꽃등에나 풀잠자리, 무당벌레 등이 찾아와 진딧물을 먹어치울 것이다. 그리고 찾아온 김에 식물의 수분도 도와준다.

- 세이지, 펜넬, 딜의 꽃은 꽃등에를 유인한다.
- 금잔화와 향쑥의 꽃은 무당벌레와 풀잠자리, 꽃등에가 좋아 한다.
- 장식용 덩굴인 홉은 무당벌레를 끌어들인다.
- 한련은 진딧물을 포식하는 곤충들 사이에서 인기가 많다.
- 은은한 푸른 꽃을 피우는 보리지는 꽃등에뿐만 아니라 벌과 나비도 불러온다.

정원에 사는 또 다른 친구들

♦ ♦ ♦ ♦

정원에는 아직 우리의 조력자들이 더 남아 있다. 달팽이나 민달팽이, 반갑지 않은 이상한 애벌레를 먹어치우는 친구들이다.

- 고슴도치
- 개구리와 두꺼비
- 딱정벌레

이 친구들이 당신의 정원을 집이라고 인식하려면 약간 어수선한 공간이 필요하다. 나뭇잎과 통나무를 조용한 구석에 쌓아두면 그들에게 최고의 은신처가 될 것이다.

여기서 주의할 점이 있다. 달팽이 살충제(특히 메타알데히드가 들어 있는 약)를 사용해선 안 된다. 이런 약은 다른 야생 생물에게도 해가 되기 때문이다. 해충을 억제하는 다른 방법(8장 참고)을 사용하도록 하고, 모두 제거하기보다는 포식자와 먹잇감 사이의 균형을 잡는 것을 목표로 하자.

· 고슴도치 ·

영국, 유럽, 아시아, 아프리카, 뉴질랜드에 사는 이 가시투성이 포유동물은 밤에만 나와 활동하기 때문에 당신이 잠든 사이에 정원을 찾아온다. 도시라고 해서 고슴도치가 없는 건 아니다. 이 친구들을 도울 수 있는 방법이 몇 가지 있다.

1 고슴도치를 가두지 말라! 벽이나 울타리는 동물들이 먹이를 구하거나 짝을 찾아 번식하는 것을 막는 비정상적인 장벽일 뿐이다. 고슴도치는 장애물만 없으면 하룻밤 동안 먹이를 찾으러 1.5km 정도 되는 거리를 돌아다닌다. 울타리 밑을 파거나 가능하다면 벽에 구멍을 내서 고슴도치가 지나다닐 수

고슴도치

있는 공간을 만들자. 12~15cm 정도의 폭이면 충분하다. 가장 좋은 방법은 이웃 정원과 함께 벽에 연달아 구멍을 내서 고슴도치에게 고속도로를 뚫어주는 것이다.

2 고슴도치가 자리를 잡고 동면할 수 있는 안전한 장소를 만들어주자. 이 친구들은 잎이나 나뭇가지, 통나무 더미, 심지어 퇴비 더미도 좋아한다. 이런 곳에는 고슴도치가 좋아하는 달팽이나 딱정벌레도 살기 때문에 천연 식량도 제공해줄 것이다.

3 달팽이 같은 맛있는 별미를 얻기 어려운 춥고 건조한 날씨에만 보충 식량을 제공하라. 고슴도치가 당신에게 지나치

게 의존하기를 원하지는 않을 것이다. 고기가 들어간 평범한 개, 고양이 사료나 고슴도치용 사료를 주는 것이 좋고, 우유나 빵은 탈수 증상을 일으켜서 치명적일 수 있기 때문에 절대 줘서는 안 된다. 그리고 음식을 줄 때는 실제 야생에 있는 먹잇감처럼 여기저기 흩어서 놓아두자. 상황에 따라 고양이가 못 꺼내는 곳에 먹이를 끼워놓아야 할 수도 있다. 해가 질 때쯤 먹이를 놔두고, 다음 날 고슴도치가 먹지 않았다면 신선한 것으로 바꿔놓는다.

4 얕은 접시에 물을 담아놓는 것도 잊지 말자.

북쪽에서 바람이 불어오면 눈이 내릴 텐데,
그러면 울새는 어떻게 할까? 가엾은 친구여.

-옛 동요

새 초대하기

♦♦♦♦

정원에서 새를 바라보고 또 지저귀는 노랫소리를 듣는 것은 인생의 큰 기쁨이다. 하지만 정원에 새가 있어 좋은 점은 검은지빠귀나 개똥지빠귀처럼 땅에서 먹이를 찾는 새들이 해충도 잡아먹

는다는 것이다. 새들은 많은 걸 바라지 않는다. 그저 안전한 쉼터
와 먹이, 그리고 물만 있으면 된다.

1 산울타리는 새가 둥지를 틀기 좋은 장소다. 새들의 번식 시
 기인 봄부터 여름까지는 가지치기를 피하는 것이 좋다.

2 깃털 달린 목수 친구들이 둥지를 지을 때 사용할 수 있도록
 여러 식물이나 재료들을 직접 기르거나 만들어주자. 예를 들
 어, 검은지빠귀는 이끼나 진흙이 뭉쳐진 마른 풀이나 줄기
 를 좋아하고, 작은 굴뚝새는 잎이나 마른 풀에 이끼가 많은
 것을 좋아한다. 새들에게 건축 자재가 가까이에 있다는 것은
 재료를 구하러 멀리 여행을 떠날 필요가 없어 시간과 에너
 지를 절약할 수 있다는 뜻이며, 그 결과 새들이 당신 정원 근
 처에 둥지를 틀 가능성이 높아진다.

3 천연 먹이를 제공할 수 있는 식물을 길러라.
 씨앗이 빽빽한 해바라기 꽃송이나 티즐
 은 특히 인기가 많은 메뉴다.

4 정원에 새 모이통을 설치하고 씨
 앗이 섞인 모이를 채워놓자. 새
 모이는 좋은 품질을 구매하는
 것이 비용 대비 효과가 좋
 다. 저렴한 제품은 수수나

울새

밀을 섞어서 양을 늘린 것이라서 비둘기만 모여들 수 있다.

5   땅콩은 고열량의 유용한 먹이지만, 구매하기 전에 아플라
    톡신에 대한 검사를 마친 믿을 수 있는 제품인지 확인하도
    록 한다. 아플라톡신은 발암물질로 새에게 치명적일 수 있
    다. 견과류는 처음에 담겨 오는 봉지에 그대로 두지 말고, 건
    조하고 밀봉이 잘되는 통에 보관해야 변질되지 않고 습기나
    곰팡이가 생기지 않는다. 한번 꺼낸 땅콩은 일주일 정도 모
    이통에 넣어두고, 색이 변하거나 곰팡이가 핀다면 새 것으로
    바꿔준다.

6   땅콩은 작은 새들이 먹고 질식할 수 있어서 절대로 바닥에
    뿌려놓으면 안 된다. 철망 모이통에 넣어주도록 하자.

7   플라스틱 망으로 된 모이통은 새의 다리가 망 사이에 낄 수
    있으니 되도록 사용하지 말자.

8   요즘에는 겨울만이 아니라 1년 내내 모이를 주는 것을 권장
    한다. 그래도 자연에서 먹이를 충분히 찾을 수 있는 따뜻한
    계절에는 새들이 정원에서 배를 채울 일이 많지 않아서 모
    이를 많이 줄 필요는 없다. 새들이 모이를 잘 먹지 않는 것
    같거나 모이에 곰팡이가 필 것 같다면 전부 버리고 양을 적
    게 해서 다시 채워놓자.

9   새는 고양이나 새매 같은 포식자로부터 안전함을 느껴야 하
    므로 모이통은 새들이 쉽게 몸을 숨길 수 있는 장소에 두는

것이 좋다.

10 박테리아와 균에 의한 감염을 최대한 줄이기 위해 위생관리에도 신경 써야 한다. 적어도 일주일에 한 번은 모이통을 청소하라. 오래된 모이는 버리고 통을 깨끗하게 헹군 뒤 비눗물과 독하지 않은 소독약으로 잘 문질러 닦고 다시 헹궈서 말린다.

11 모이통은 한 달에 한 번 주기적으로 자리를 이동시켜서 박테리아가 한 곳에서 번식하지 않도록 한다.

12 새는 모이뿐만 아니라 물도 있어야 한다. 물은 목을 축이기도 하지만 깃털의 방수 기능을 유지하기 위해 목욕하는 데 사용하기도 한다. 새 욕조 제품이나 다른 적당한 통을 두면 된다. 하지만 포식자들이 쉽게 올 수 없는 곳에 두어야 하고, 모이통만큼이나 깨끗하게 관리하는 것도 잊어선 안 된다. 욕조 안에 돌을 한두 개 놔두면 작은 새들이 걸터앉기에 좋을 것이다.

<hr>

왕겨로는 늙은 새를 잡을 수 없다.

-옛 속담

물을 잊지 말자

♦ ♦ ♦ ♦

정원에 연못을 만드는 것은 우리가 야생 생물에게 줄 수 있는 최고의 선물이다. 새와 고슴도치, 심지어는 벌도 물을 마셔야 하고, 개구리나 두꺼비에게는 번식을 위해 꼭 필요하다. 정원에 연못을 만들어보자. 아마 새로운 야생 친구들이 찾아오는 속도에 깜짝 놀랄 것이다. 당신이 눈치채기도 전에 어딘가에서 양서류가 나타나 한 자리를 차지하고 있을지도 모른다. 물속에 살지 않는 생물을 위해 연못 안에 경사면이나 벽돌, 돌, 통나무 '통로'로 길을 만들어서 안전하게 이용할 수 있게 하고, 벌에게도 걸터앉을 자리를 만들어주자.

연못가에 노랑꽃창포 같은 식물을 길러서 잠자리나 실잠자리의 애벌레가 성충이 될 때 타고 올라갈 수 있는 정글짐을 만들어주자. 연못의 절반 정도는 식물이 덮고 있어야지 수면에 그늘이 생겨서 녹조가 끼지 않는다. 게다가 연못 식물은 목마른 곤충에게 발판을 만들어줘서 물에 빠질 위험 없이 갈증을 해소할 수 있게 도와준다.

한겨울에 연못이 두껍게 얼어버리면 얼음이 사실상 공기를 차단해서 물속의 산소 수치가 떨어지게 되고, 그러면 개구리나 두꺼비 같은 서식 동물들이 숨을 쉴 수 없게 된다. 당장이라도 얼음을 산산조각 내고 싶은 마음이 굴뚝같겠지만 참아야 한다! 얼음을 부숴버리면 물속 동물들에게 치명적일 수 있는 충격파가 전해진다. 그 대신 플라스틱 공을 연못에 띄워놓았다가 낮 동안에 공을 꺼내서 '숨구멍'을 만들어주거나, 아니면 따뜻한 물을 부어 아주 천천히 얼음을 녹여서 산소를 넣어줄 수도 있다.

옛날 옛적에는 ᕳᕳ

중세시대 유럽에서는 수도원이나 대저택에서 물고기를 기르는 연못을 쉽게 찾아볼 수 있었다. 이들은 야생 생물을 위한 곳도, 단순한 장식 연못도 아니었다. 그저 믿을 수 있는 식량 제공원이었다. 잉어나 강꼬치고기를 가장 많이 길렀다.

위험해, 물러나세요!

❧❧❧❧

야생 생물을 위협하는 요소는 사실 가장 예상하지 못한 곳에 존재한다. 고슴도치는 퇴비나 모닥불 더미에 보금자리를 마련했을 수 있고, 개구리는 식물이나 덤불 밑에 몸을 숨기고 있을지도 모른다. 모닥불을 피우거나 길게 자란 풀을 깎기 전에 동물들이 아래에 숨어 있지는 않은지 꼭 먼저 확인하고, 퇴비 더미를 포크 삽으로 파내지 않도록 하자.

정원은 위대한 스승이다. 인내심과 세심한 주의력을 길러주고, 또 근면과 검

소를 알려준다. 그리고 무엇보다도 온 마음으로 신뢰하는 법을 가르친다.

-거트루드 지킬

8

병충해

온갖 종류의 해충이 당신의 정원에서 갉아 먹고, 빨아 먹고, 깎아내고, 물어뜯고, 파고들어 가면서 식물을 포식하고 있다. 그러는 동안 식물의 잎은 색이 바래고 검은 반점이나 하얀 가루가 생기기 시작한다. 하얀 반점이 있던 핵과류는 점점 갈색으로 변하더니 시든 자두처럼 쪼글쪼글해진다. 도대체 무슨 일이 일어나고 있는 걸까? 그리고 이런 상황에서 도움을 청할 수 있는 옛 지혜는 무엇이 있을까?

친구인가 적인가?

♦♦♦♦

당신의 정원에 나타난 생물체가 식물을 노리는 건지 아니면 서로를 잡아먹으려는 건지 어림짐작으로 알 수 있는 방법이 있다. 만약 빨리 달리는 생물이라면 먹이를 잡기 위해 속도를 내는 포식자다. 하지만 느릿느릿 움직인다면 식물의 잎과 꽃을 오독오독 먹으며 빈둥거리고 싶은 채식주의자다.

베테랑 정원사의 팁 🚜

당근 뿌리파리를 잡으려면 좀약을 으깨서 당근을 심은 흙에 섞으면 된다. 양배추 뿌리파리 같은 경우는 주방 포일을 길게 잘라 어린 양배추 뿌리 주변을 감싸둔다.

· 이로운 이웃들 ·

영리한 옛 정원사들은 보호하고 싶은 식물 사이에 특정 식물을 심으면 해충을 예방할 수 있다는 사실을 잘 알고 있었다. 이것을 '동반식물'이라고 부른다. 허브처럼 향이 매우 강한 동반식물은 해충을 끌어들이는 이웃 식물의 향을 가려버린다. 또는 미끼나 희생양을 자처해 해충을 유인하여 이웃 식물 대신 자신이 먹히는 동반식물도 있다.

게다가 동반식물은 대체로 천적을 유인하는 장점도 있어서 정원의 생태계를 더 균형 있게 만들어준다. 우리 편을 더 끌어들이기 위해 어떤 식물을 길러야 하는지 궁금하다면 7장 '야생 정원'을 참고하라.

금잔화 영국 시골집 정원에서 늘 볼 수 있는 이 밝은 주황색 꽃을 토마토 옆에 심어라. 금잔화는 가루이과 해충이 가까이 오지 못하게 하고 또 토마토의 진딧물을 유인한다.

라벤더 진딧물을 속이기 위해 당근이나 리크 옆에 심어라.

루바브 양배추 모종을 심기 전에 구덩이에 루바브 잎을 잘게 잘라 넣어라. 루바브 잎은 양배추 뿌리파리가 가까이 오지 못하게 막아준다.

마늘 장미 덤불 옆에 마늘 한 쪽을 함께 심으면 진딧물을 예방할 수 있다. 장미 뿌리는 진딧물이 싫어하는 마늘의 화학물질을 빨아들이게 되는데, 이것이 사실상 침투성 살충제가 되는 것이다. 그렇다고 장미에서 마늘 향이 나지는 않으니 걱정할 필요는 없다. 같은 파속 식물도 비슷한 효과를 내지만 마늘만큼은 아니다.

만수국 토마토 옆에 심어서 진딧물이 오지 못하게 하라.

민트 향이 매우 강한 민트를 함께 기르면 토마토, 당근, 양파, 배추과 식물의 매혹적인 향을 가릴 수 있고, 벼룩잎벌레 같은 해충도 예방할 수 있다. 하지만 잊지 말아야 할 사실이 있다. 민트는 한번 자리를 잡으면 걷잡을 수 없이 퍼지기 때문에 정원을 장악하지 않도록 화분에서 길러야 한다.

보리지 북아메리카나 오스트레일리아에 사는 사람이라면 박각시나방의 유충인 토마토 뿔벌레 문제로 골치가 아플 것이다. 이럴 땐 토마토 옆에 유충이 좋아하는 보리지를 심어라. 이 유충은 가지나 피망 같은 가지과 식물도 좋아한다. 딸기도 보리지 옆에서 자라면 맛이 더 좋아진다고 한다.

부추 당근 뿌리파리를 혼란스럽게 하기 위해 당근 옆에 부추를 심어라. 뿌리파리 성충은 1.6킬로미터 정도 떨어진 곳에서도 당근을 냄새로 찾을 수 있고, 유충은 당근 뿌리를 뚫고 지나간다.

세이지 양배추과 식물 옆에 세이지를 심어라. 향이 강한 세이지 잎이 주변 식물의 향을 가려줄 것이다.

타임 장미 덤불 옆에 심으면 먹파리를 속일 수 있다.

펜넬 펜넬이 꽃을 피우면 진딧물의 천적인 꽃등에가 찾아온다.

한련 '희생식물'로 이용하라. 특히 먹파리가 한련을 좋아한다. 강낭콩의 진딧물을 유인하고, 양배추를 갉아 먹는 애벌레

세이지

172

도 피어낼 것이다.

향쑥 진딧물이나 벼룩잎벌레가 오지 못하게 막으려면 특이하고 강렬한 향을 풍기는 향쑥을 심어라.

주방 찬장의 살충제

♦♦♦♦

원예용품점의 선반을 둘러보면 아직도 화학 살충제가 가득 진열된 것을 볼 수 있다. 제2차 세계대전이 일어나면서 사람들을 배불릴 식량이 절실히 필요해졌고, 그 결과 땅과 자연은 인간의 지배를 받게 되었다. 농지에서는 약제를 살포했고, 곧이어 가정집 정원에서도 화학약품 사용은 흔한 일이 되었다. 이러한 전략은 두 가지 문제를 낳았다. 첫째, 살충제는 해충은 물론 이로운 생물까지 무차별적으로 죽였으며, 둘째, 더 나아가 인간의 건강까지도 위협했다. 다행히도 과거에 흔하게 사용되던 수많은 화학 살충제가 현재는 법적으로 금지되었다.

먼 옛날 정원사들은 오랜 지식과 직접 천연재료로 만든 약에 의존할 수밖에 없었다. 놀랄 만한 사실은 홈메이드 살충제에 들어가는 재료 대부분이 이미 당신의 주방 찬장에 있다는 것이다.

· 마늘 스프레이 ·

마늘은 정원에서 다양한 용도로 사용되는 놀라운 재료다. 특유의 톡 쏘는 향은 마늘을 으깰 때 나오는 유황 성분 때문이다. 자신을 먹으려는 적에게 대항하는 식물의 자연적인 방어기제 중 하나다.

마늘 스프레이를 만들기 위해 먼저 마늘 두 쪽(껍질은 벗기지 않아도 된다)을 대충 썬다. 물 1L에 마늘을 넣고 뚜껑을 덮어 하룻밤 동안 우러나오게 둔다. 체나 면포에 거른 후 부드러운 연성 비누 1테이블스푼을 넣고 잘 섞는다. 그리고 뚜껑이 있는 병에 담으면 된다.

마늘 스프레이는 바로 만들었을 때 효과가 가장 좋다. 날이 건조할 때 물 1L에 마늘물 250mL를 섞은 용액을 잎 양쪽이 다 젖을 때까지 뿌린다. 이 작업을 매주 반복하고, 비가 많이 온 뒤에도 한 번 더 뿌린다.

효과가 있는 대상 진딧물, 가루이, 민달팽이

· 고추 스프레이 ·

좀 더 모험적인 옛 정원사들이 사용했던 방법이다. 고추를 온실에서 기른 이들이나 실외에서 재배할 수 있을 만큼 따뜻한 지역에 사는 이들이 이 방법의 도움을 받았다. 캡사이신은 고추의 얼얼한 맛을 내는 성분으로, 사람이 느끼는 것과 똑같은 자극이 정원의 해충에게도 전달된다. 게다가 고추 스프레이의 기름막이 해충의 알을 감싸면서 부화를 막아 개체수를 줄일 수 있고, 정원의 제일가는 악동인 다람쥐를 막는 효과도 있다.

마늘 스프레이를 만드는 방법과 똑같이 하되 고추의 양은 한 줌 가득 넣으면 된다. 고추를 자를 때는 꼭 장갑을 착용하고, 고추를 만진 손으로 얼굴을 만지면 안 된다. 2주 정도 우러나오게 둔 뒤 사용하라. 냉장고에 보관하면 몇 주 정도 사용할 수 있다.

고추 스프레이는 희석하지 말고 그대로 쓴다. 벌레가 들끓기 전에 미리 뿌리고, 잎줄기채소는 고추 맛을 흡수할 수 있으니 사용하지 않는 것이 좋다.

효과가 있는 대상 진딧물, 응애, 가루이, 다람쥐, 토끼, 쥐, 사슴

· 토마토 스프레이 ·

토마토 잎에는 독성이 있어서 수액을 빨아 먹는 특정 해충을 막고 심지어 죽일 수도 있다. 500g의 토마토 잎과 1L의 물이 필요하다. 잘게 썬 토마토 잎을 물에 하룻밤 담가놓았다가 잎은 걸러내고 남은 물을 식물에 뿌리면 된다.

효과가 있는 대상 진딧물, 점박이응애

· 루바브 스프레이 ·

토마토처럼 루바브의 넓은 잎에도 독성이 있다. 잎과 물의 비율은 토마토 스프레이와 같고, 루바브 잎을 넣은 물을 30분 정도 끓인 뒤 걸러서 사용한다.

효과가 있는 대상 진딧물, 점박이응애, 가루이
주의할 점 루바브 잎은 이로운 곤충이나 사람에게도 똑같이 독성이 있기 때문에 주의해서 사용하고 식용식물에는 뿌리지 않는다.

· 타임 스프레이 ·

물에 타임 잎을 한 움큼 담갔다가 잎을 걸러내고 양배추에 뿌린다.

효과가 있는 대상 가루이

• 민트 또는 딱총나무 스프레이 •

스피어민트나 페퍼민트, 딱총나무 잎 한 움큼을 물에 우리고
잎을 거른 뒤 연약한 식물에 뿌리거나 주변에 붓는다.

효과가 있는 대상 민달팽이

• 딱총나무 •

옛날에는 까치나방 유충이 오지 못하게 하기 위해 구스베리 덤
불 아래에 딱총나무 가지를 몇 개 놓았다. 구스베리를 마구 먹어
치우는 곤충이나 심지어는 토끼도 딱총나
무 가지의 냄새를 몹시 싫어
한다.

딱총나무 열매

• 비누 스프레이 •

비누 스프레이는 수액을 빨아 먹는 해충들의 숨구멍을 막아서 숨을 쉴 수 없게 한다. (유쾌한 일은 아니지만 이 해충들이 어떤 피해를 주는지 두 눈으로 목격하고 나면 측은함을 덜 수 있을 것이다.) 주방용 세제나 액체비누 1테이블스푼에 따뜻한 물 1L를 잘 섞고 잠시 식힌 뒤에 식물에 뿌리면 된다.

효과가 있는 대상 진딧물, 유충, 가루이, 깍지벌레

주의할 점 이로운 곤충에게도 피해가 갈 수 있기 때문에 꼭 필요할 때에만 사용하도록 하라.

베테랑 정원사의 팁

따뜻하고 습기가 많은 온실이나 아늑한 냉상은 해충이 증식할 수 있는 이상적인 환경이다. 자신의 정원이나 주변에 월계귀룽나무가 있는 베테랑 정원사라면 잎을 짓이겨서 접시에 가득 담아 온실이나 냉상 안에 하룻밤 동안 둘 것이다. 월계귀룽나무 잎을 짓이기면 작은 곤충들에게 치명적인 청산이라는 물질이 뿜어져 나오기 때문이다. 단, 잎을 만진 뒤에는 꼭 손을 씻고 고양이나 개, 말 주변에 두지 않도록 주의해야 한다.

달팽이와 민달팽이

♦ ♦ ♦ ♦

이 해충들은 제목 하나를 차지할 만큼 정원에 막대한 피해를 주는 이들이다. 이 '복족류'들은 말 그대로 '배의 발'을 가진 부류로, '발'로 미끄러지고 점액을 흘리면서 이리저리 돌아다닌다. 그리고 돌기가 난 혀로 식물을 먹는다. 그래서 밤에 유심히 귀를 기울이면 달팽이들이 오늘의 식사를 맛있게 갉아 먹는 소리가 들리기도 한다. 이들이 좋아하는 메뉴로는 어린 해바라기와 로벨리아 (하룻밤 만에 로벨리아 하나를 다 뜯어 먹을 수도 있다)가 있고, 가장 좋아하는 것은 호스타다.

하지만 다른 모든 해충에 대해 그렇듯 어느 정도의 관용과 타협이 있다면 좀 더 느긋한 정원사가 될 수 있다. 단순하게 달팽이들이 좋아하는 식물을 기르지 않거나, 이러한 식물을 기르고 싶다면 달팽이로부터 보호할 수 있도록 다른 대책을 마련하면 된다. 해바라기 같은 경우는 화분에 담아 기르고 달팽이들이 닿지 못하는 높은 곳, 예를 들어 정원 테이블 위에 올려놓는다. 그리고 해충의 공격을 버틸 만큼 충분히 성장했을 때 바닥에 내려놓으면 된다.

· 방어막 세우기 ·

달팽이나 민달팽이는 잘게 조각난 잎 위로 지나간 흔적을 보면 알 수 있듯이 끈끈한 점액 자국을 따라 미끄러진다. 달팽이 방어막을 세우는 전통적인 방법은 거칠고 날카로운 재료로 멀치를 까는 것이다. 이렇게 하면 달팽이들이 타고 다니는 점액질이 말라버리거나 또는 거친 장애물이 자극적이어서 넘어가지 못할 거라는 생각에서였다. 이 방법이 늘 성공적이었던 것은 아니지만 다른 더 잔인한 방법(민달팽이에게 소금 뿌리기)보다는 나았다. 게다가 멀칭은 흙의 수분 유지에도 도움이 되었다. 다양한 재료를 사용해보고 어떤 것이 효과가 좋은지 확인해보라.

- 나뭇조각
- 양털이나 머리카락 (양털은 작게 뭉친 펠릿 형태로 구입할 수 있다.)
- 으깬 달걀 껍데기
- 자갈
- 커피 가루
- 짚
- 솔잎
- 줄기마다 솜을 두른다.
- 과일나무 몸통을 말총으로 감싼다. (아주 오래된, 약간은 별난 방법이다.)

◈ 화분 가장자리에 바셀린을 덕지덕지 바른다. (표면이 미끄러워서 달팽이의 점액질이 달라붙지 못한다.)

◈ 화분 주위를 구리선으로 감는다. (구리와 복족류 점액질 사이의 화학반응 때문에 이 선을 넘지 못한다.)

◈ 구리 동전을 흙에 쌓아놓으면 구리선 감은 것과 비슷한 효과가 있다.

◈ 플라스틱 물병의 바닥을 잘라내고 공기가 통하도록 뚜껑을 제거한 뒤 식물 보호용 덮개로 사용한다. (알뜰하게 재활용하는 바람직한 예다.)

· 달팽이 덫 ·

달팽이 덫을 직접 만들 수 있다. 덫에 잡힌 달팽이들이 아직 살아 있다면 다음에 나오는 '손으로 잡기'를 참고하여 처리하도록 하자.

1 오렌지나 자몽을 반으로 잘라 속을 파낸 뒤 흙 위에 뒤집어 놓는다. 이제 이곳은 민달팽이에게 거부할 수 없는 은신처가 된다. 다음 날 아침에 와서 처리하면 된다.

2 텅 빈 커다란 요구르트 통(다른 통도 괜찮다)을 흙 속에 절반 정도 심어놓고 우유나 물 또는 맥주(그 유명한 '달팽이 술집'이

다)를 채워놓는다. 맛있는 향에 이끌려 달팽이와 민달팽이가 용기 안으로 기어 들어가면 물에 빠져 죽게 된다. 하지만 용기가 땅 위로 적어도 2cm 정도는 올라와 있어야지 딱정벌레가 들어가지 못한다. 달팽이를 먹고 사는 딱정벌레까지 죽이고 싶지는 않을 것이다.

3 축축한 판지나 낡은 카펫을 조용한 구석에 덮어놓고 돌로 고정하여 시원하고 축축한 은신처를 만들어주자. 그러면 달팽이들이 이 밑으로 모여들어서 쉽게 잡을 수 있다.

· 달팽이 약 ·

모든 방법이 실패로 돌아가 매우 절박한 상황이라면 달팽이 살충약의 도움을 받을 수도 있다. 전통적인 해결법은 아니지만, 살충약은 점점 좋은 방향으로 변화하고 있다. 인산철이 주성분인 이 약은 초기 제품보다 독성이 훨씬 줄어들었지만, 지렁이 같은 다른 야생 생물에게 피해가 가지 않도록 반드시 제품설명서대로 신중하게 사용해야 한다.

손으로 잡기

◆◆◆◆

간과하고 있었지만 사실 가장 확실한 방법은 해충을 손으로 직접 잡는 것이다.

- 진딧물은 간단하게 손가락으로 문질러서 없앨 수 있다.
- 백합긴가슴잎벌레나 포도나무 바구미는 손으로 잡아서 짓누르면 된다. (그래서 자연은 백합긴가슴잎벌레를 잘 찾을 수 있도록 밝은 붉은색을 띠게 했다.)
- 어두운 곳에서 꽃을 뜯어 먹는 집게벌레는 덫을 놓을 수 있다. 화분에 짚을 가득 채우고 대나무 막대에 뒤집어서 꽂아 놓는다. 낮 동안 집게벌레가 그 안으로 들어가 쉽게 잡을 수 있다.
- 밤에 손전등을 비춰 보면 달팽이나 민달팽이가 움직이는 현장을 잡을 수 있다. 하지만 옆집 정원에 던져버린다고 해결되는 건 아니다. 달팽이는 귀소본능이 있고 하루 동안 22m나 이동할 수 있다고 하니, 적어도 그보다 멀리 떨어진 곳의 덤불 속으로 던져버려야 한다.

식용식물 보호하기

♦♦♦♦

식용식물은 특정 동물들의 먹잇감이 된다. 예를 들면, 잘 익은 체리는 새에게 참을 수 없는 유혹이고, 양배추는 비둘기에게 별미가 된다. 이러한 식용작물에만 적용할 수 있는 효과적인 예방법이 있다.

1 새들이 과일에 접근하지 못하도록 케이지를 만들거나 그물망을 덮는 것이 가장 흔한 방법이지만, 촘촘한 망을 사용해서 새나 작은 포유동물이 걸리지 않도록 해야 한다. (과일 주위에 실을 감아놓는 옛날 방식도 새가 걸려서 못 빠져나올 수 있기 때문에 피하는 것이 좋다.)

2 다소 위험한 방법이지만 옛날에는 과일나무 밑에서 정원 쓰레기를 태워서 해충을 예방했다.

3 옛날이라면 할 수 없었겠지만 낡은 CD(또는 반짝이는 어떤 것이든)를 과일나무 가지에 걸어놓는 방법도 있다. 바람에 흔들리면 빛을 받아 반짝거려서 새가 겁을 먹고 도망친다.

4 오래전부터 딸기 아래에 짚(straw)을 깔아서 열매가 땅에 닿지 않게 하고, 또 달팽이나 민달팽이가 오지 못하게 막았다. (여기에서 '딸기(strawberry)'의 이름이 유래했다.)

사과나 배, 자두나무로 향하는 말벌을 꾀어내려면 더 맛있는 것을 내놓아야 한다. 맥주에 설탕이나 과일 조각을 넣고 잘 섞은 뒤 작은 병에 반 정도 담고 유산지로 그 위를 덮는다. 그리고 유산지 가운데에 1cm 폭으로 작은 구멍을 내고 병을 나뭇가지에 걸어둔다. 매혹적인 향에 이끌린 말벌은 병 안으로 들어갔다가 다시 나올 수 없게 된다.

· 허수아비 만들기 ·

들판에 사람 모형을 세워서 까마귀와 같은 새들을 쫓아낸다는 개념은 고대 이집트와 그리스 시대에도 있었다. 하지만 초기의 허수아비는 오늘날 누더기를 입은 후손들보다 더 잔인한 모습이었다. 십자가형이나 다크 컬처를 떠올리게 하는 당시의 허수아비는 마녀를 닮은 모습이거나 또는 오늘날 핼러윈 호박처럼 썩은 박으로 만든 머리나 동물 머리뼈를 달고 있기도 했다. 영국 지역 사투리로 허수아비는 '호드메더드(hodmedod)' 또는 '태티보글(tattie bogle)'이라고 하고, 독일어로는 단순하게 '펠트파우슈(feldpausch, 들판의 짚 뭉치)'라고 한다.

허수아비가 쫓아내야 할 까마귀는 너무 똑똑해서 이미 우리들의 속임수에 넘어가지 않은 지 오래지만 그래도 여전히 허수아비를 만드는 일은 재미있다. 가장 간단한 방법으로는 대나무 막대 두 개를 T자 모양으로 묶거나, 아니면 나무 막대 두 개를 못으로 박아 고정하면 된다. 그리고 나무 뼈대에 낡은 옷을 입히고 안 쓰는 쿠션 커버에 짚을 채워서 머리를 만든다. 좀 더 포동포동한 허수아비를 만들고 싶다면 스타킹에 짚을 가득 채워서 멋진 머리와 팔을 만들어줄 수 있다. 스타킹의 허리 밴드 부분을 매듭지으면 윗부분은 머리가 되고, 다리 부분은 허수아비의 팔이 된다. 그다음 모자나 머리카락, 얼굴 표정을 추가해도 좋다.

자, 이제 창의력을 발휘해보자. 하지만 이 재미있는 일을 혼자서만 독차지하지 말고 만들기 놀이를 좋아하는 어린이들과 함께 공유하길 바란다.

반려동물과 요주의 동물들

◆ ◆ ◆ ◆

우리는 반려동물을 정말로 사랑하지만, 솔직하게 말하면 정원에서는 골칫거리가 되기도 한다. 다행인 것은 정원과 반려동물을 모두 보살필 수 있는 방법이 있다는 것이다.

· 고양이 ·

방금 일구어놓은 땅의 고운 흙은 어김없이 고양이를 끌어당긴다. 부드럽고 신선한 땅은 오로지 이들의 화장실을 위해 준비된 자리나 다름없다. 당신의 고양이든 옆집의 고양이든 악당들에 의해 새로 판 묘상이 파혜쳐지고 더럽혀지는 것만큼 마음 아픈 일도 없을 것이다.

화장실 테러범을 막을 수 있는 간단하고 지혜로운 해결책이 여러 가지가 있다. 크게 세 가지 유형으로 나뉘는데, 불쾌한 냄새를 풍기거나(고양이는 인간보다 후각이 뛰어나고 우리는 좋아하는 냄새를 싫어할 때가 있다), 물리적 방어막을 만들고, 또는 무단 침입자를 겁을 줘서 쫓아내는 방법이다. 게다가 필요한 재료들은 대부분 이미 집에 있는 것들이라서 돈 한 푼 들지 않고 해결할 수 있다.

🍃 감귤류의 껍질을 잘게 잘라서 땅 위에 뿌려놓는다. 톡 쏘는

187

시트로넬라나 유칼립투스 오일도 비슷한 효과를 낼 수 있다.

- 고춧가루를 뿌린다. (이 방법은 다람쥐에게도 효과가 있다.) 비가 온 뒤에는 한 번 더 뿌린다.
- 좀약을 으깨서 뿌려둔다.
- 묘상 주변에 소독약을 적신 티백을 놓아둔다.
- 가시가 많은 나뭇가지로 격자무늬 형태의 방어막을 세운다.
- 주변에 고무 호스를 놓으면 고양이가 뱀으로 오해하고 접근하지 않을 것이다. 물론 가짜라는 사실을 깨닫기 전까지 말이다.

· 개 ·

갯과 동물은 고양잇과 동물과 같은 배변 습성은 없지만, 대신 화단을 미친 듯이 파곤 한다. 복합적인 이유가 있지만, 본능적인 행동이거나, 지루해서, 또는 더운 날에 시원한 구덩이로 들어가고 싶은 욕구라고 볼 수 있다.

당신의 개가 이런 행동을 한다면, 근본적인 이유를 찾아서 욕구를 충족시켜줘야 한다. 고양이는 온종일 느긋하게 시간을 보내는 것으로 만족하지만 개는 다양한 자극과 활동 그리고 충분한 놀이와 사람과의 상호작용이 필요하다. 정원 한쪽에 개가 땅을 팔 수 있는 전용 자리를 마련해주거나, 그래도 문제가 해결되지 않는다면 자주 땅을 파는 곳을 돌이나 화분, 다른 장애물로 덮어야 한다.

문제가 생길 수 있는 배변 습성이 한 가지 있는데, 바로 소변이다. 잔디밭에 개가 소변을 보면 잔디가 누렇게 그을려서 볼품없는 갈색 얼룩이 지고 만다. 소변을 볼 때 높게 다리를 드는 수컷과 다르게 쪼그려 앉는 암컷의 경우에 상황이 더 악화된다. 개의 소변은 질소 함량이 높아서 이런 피해가 발생하는 것인데, 아이러니하게도 질소는 잔디 비료에 들어 있는 성분이기도 하다. 적절한 양의 질소는 예쁜 잔디를 만들어주지만 농도가 너무 높으면 누렇게 그을리고 만다. 색이 변해버린 잔디밭은 언젠가는 원래 상태로 돌아오지만, 빨리 조치를 취해주면 회복을 도울 수 있다. 소변을 희석하기 위해 가능한 한 빨리 잔디에 물을 꼼꼼히 뿌리고 나중에 다시 씨를 뿌리도록 한다.

· 쥐 ·

시골에서 이 은밀한 설치류들이 헛간이나 농가 마당을 총총 뛰어다니면서 농부의 식량저장고를 급습하는 모습을 떠올릴 것이다. 하지만 가정집 정원에서도 창고에 몰래 들어가서 완두콩 씨로 군것질하거나 귀한 옥수수를 먹어치우는 등 골칫거리가 된다.

톡 쏘는 자극적인 냄새를 싫어하는 쥐의 성향을 이용하여 침입
자를 막아보자.

- 콩 씨앗에 파라핀을 묻혀놓는다.
- 헝겊에 타르(친한 지붕 기술자가 있다면 조금 얻을 수 있을 것이다)
  를 적셔서 주변에 놓아둔다.
- 민트를 기르거나 또는 페퍼민트 오일을 적신 솜뭉치를 출입
  이 잦은 곳에 배치해둔다.
- 쥐가 숨어 있는 곳에 좀약을 뿌려둔다.

· 토끼 ·

시골에서는 토끼도 성가신 동물일 수 있다. 토끼는 디기탈리스
와 양파를 싫어한다고 하니 아끼는 식물 옆에 함께 기르는 것도
좋은 방법이다. 라벤더, 로즈메리, 타임, 세이지, 레몬밤도 괜찮다.

하지만 장난꾸러기 피터는 곧장 맥그레거 아저씨네 정원으로

달려가서 문 아래를 비집고 들어갔어요!

그리고 먼저 상추와 강낭콩을 잔뜩 먹어치웠어요.

그러고는 무도 뽑아 먹었지요.

그랬더니 약간 속이 좋지 않아서 파슬리를 찾아다녔답니다.

-비어트릭스 포터,《피터 래빗 이야기》

식물의 병해 방제하기

◆◆◆◆

식물에 이상한 반점이나 얼룩이 나타나는 것은 곰팡이에 감염됐기 때문이다. 병균에 감염되면 식물이 잘 자라지 않고 외관상으로도 좋지 않다. 가장 흔한 곰팡이 감염으로는 네 종류가 있다.

흰가루병 잎이나 줄기, 어린싹에 하얀 가루가 생긴다.

검은무늬병 시든 잎이 검은 반점으로 뒤덮이고 곧 잎이 떨어진다. 주로 장미에 흔히 발생한다.

녹병 잎에 갈색의 녹슨 듯한 반점이 생긴다. 특히 접시꽃에 주로 나타난다.

균핵병 크림색 반점이 생긴 뒤에 적갈색을 띠며 썩어가고 열

매가 시든다. 사과, 자두, 복숭아, 살구 같은 핵과류에 주로 발
생한다.

· 건강한 정원 관리법 ·

검은무늬병 같은 일부 병해에는 화학 살균제를 사용할 수 있
다. 하지만 옛날 정원사처럼 화학물질 대신 건강한 방법으로 문
제를 해결하고 싶다면, 적어도 감염이 완전히 진행되지 않도록
막는 몇 가지 방법을 쓸 수 있다.

🍃 감염된 잎은 뜯어서 태우거나 어떤 식으로든 없애버려야
   휴면 상태의 포자에 의한 새로운 감염을 막을 수 있다. 절
   대로 퇴비 더미에 버려선 안 된다! 휴면 포자는 퇴비를 오
   염시키기 때문에 나중에 땅에 뿌렸을 때 새로운 병해를 일
   으킬 수 있다.

🍃 바닥에 떨어진 감염된 잎은 멀치를 두껍게 덮어서 포자가
   겨울을 나지 못하게 해야 한다. 그리고 봄이 오면 지난해에
   감염된 식물의 싹을 잘라내서 태워버려야 한다.

🍃 균핵병에 걸린 과일은 발견하는 즉시 제거해서 다른 과일
   에 병을 옮기지 못하게 해야 한다. 감염된 과일은 땅에 묻어
   버리거나(적어도 30cm 깊이로 파야 한다) 지자체의 정원 쓰레기

수거시설에 보내도록 한다(이 방법을 가장 먼저 확인해보라).

🍃 바람이 잘 통하게 하고 물을 적절하게 줘서 흰가루병이 생기지 않도록 하라. 흰가루병은 뿌리가 건조하거나 식물 주변의 공기가 따뜻하고 습할 때 주로 발생한다. 식물 사이사이의 간격을 벌리고, 벽 근처는 바람이 잘 통하지 않으니 떨어뜨려놓는다. 그리고 중심 부분은 가지치기해서 활짝 열어놓는다. 날이 건조해지면 물을 잘 주고, 흙의 수분이 유지될 수 있도록 멀칭을 하라.

🍃 병해를 퍼뜨리지 않도록 도구를 깨끗하게 관리하라.

🍃 빠른 조치로 초기에 병해를 잡아야 한다.

· 흰곰팡이를 잡는 우유 ·

누가 상상이나 했겠는가? 햇빛을 받은 우유가 흰가루병을 잡는 데 효과적이라는 사실을 말이다. 게다가 토마토에 사용하면 영양분도 줄 수 있다. 우유와 물을 같은 비율로 섞는다. 그리고 일주일에 한 번, 이른 아침에 혼합물을 잎에 뿌린다. 30분 정도 말린 뒤, 잎에 남아 있는 액체는 닦아낸다.

효과가 있는 작물 주키니 호박, 토마토, 포도나무

· 검은무늬병을 잡는 마늘 ·

장미 밑에 검은무늬병을 잡는다고 알려진 마늘이나 차이브를 함께 길러라.

· 뿌리혹병을 잡는 루바브 ·

옛 정원사들은 양배추의 뿌리혹병을 막기 위해 양배추 밑에 루바브 줄기 몇 개를 묻어두곤 했다.

· 좀약 ·

복숭아나무의 오갈잎병을 예방하기 위해 좀약을 걸어둔다.

· 변성 알코올 ·

양배추나 방울양배추는 변성 알코올을 뿌리면 흰가루병을 예방할 수 있다. 단, 먹기 전에 바깥쪽 잎을 떼어내야 한다.

8

짙은 스모그

◆◆◆◆

황(성경에 나오는 그 두려운 '유황')은 검은무늬병과 흰가루병의 천연 방제약이다. 대기오염 규제법이 통과되지 않았던 옛날에는 굴뚝에서 뿜어대던 석탄 연기로 인해 대기의 아황산가스 농도가 매우 높았다. 특히 런던은 대기 질이 매우 나빠서 당시의 스모그를 '런던의 명물' 또는 매연 입자로 하늘이 녹색 빛을 띠었다 하여 '완두콩 수프'라고 부를 정도였다.

1952년 12월에는 상황이 매우 심각해졌다. 몹시 춥고 습한 날씨에 바람은 적게 불고 기압은 높아지면서 런던 전역이 유독성의 짙은 스모그로 뒤덮이는 일명 런던 스모그 사건이 발생한다. 시야는 1m 거리까지 좁아졌고, 사망자는 1만 2,000명에 달했다고 한다.

하지만 그렇게 심각한 상황에서도 일말의 희망은 있었다. 장미가 특히 검은무늬병에 취약한데도 관련 병해가 훨씬 줄어들었던 것이다. 그리고 오늘날에는 황이 함유된 친환경 제품으로 검은무늬병이나 흰가루병을 치료하고 있다.

정원 중에서도 가장 매력적인 장소는

길가 주택 앞에 늘어선 좁고 긴 화단이다.

-거트루드 지킬

9

정원 없이
정원 가꾸기

    호화로운 정원 사진에 군침을 흘리며 언젠가는 내 땅을 사서 아름답게 가꾸고 싶다는 상상을 펼치고 있지만, 정작 가지고 있는 야외 공간이라곤 고층 발코니뿐이라면 어떻게 할 수 있을까? 아니면 창틀밖에 없다면? 사실 직접 밖으로 나가서 땅을 만지고 사랑스러운 흙냄새를 맡는 것만큼 좋은 건 없다. 하지만 공간이 매우 한정되어 있다면 '정원 없이 정원 가꾸기'를 할 수 있는 기발한 방법이 아주 많다.

    '정원 없는 정원사'가 되기 위해서는 화분이나 창가 화단처럼 뻔한 방법 말고도 새로운 인식의 전환이 필요하다. 즉, 가장 가능할 것 같지 않은 장소에서도 식물이 자랄 가능성을 찾을 수 있어야 한다. 도시에도 자연은 존재한다. 길가의 잔디나 철로 옆 둑에 무성하게 자란 풀, 그리고 콘크리트나 돌바닥 틈에 굳건히 뿌리를 내린 잡초까지, 말 그대로 어디에서나 찾아볼 수 있다.

당신의 정원사로서 자질이 무엇이든 간에 꼭 기억해야 할 중요한 사실은 식물은 자라기를 '원한다'는 것이다. 정원사가 할 일은 그 추진력을 거들어주는 것이고, 그 외는 그저 방법론에 관한 것일 뿐이다. 이 책에 담겨 있는 수많은 합리적인 조언들은 정원 없는 정원에서도 써먹을 수 있다.

풀잎 하나하나마다 요정들이 고개 숙여 속삭인다.
"자라나라, 자라나라."

-탈무드

화분에서 기르기

♦ ♦ ♦ ♦

정원이 없다면 분명히 이 방법을 가장 먼저 고를 것이다. 테라코타는 화분으로서 최적의 조건을 가지고 있으면서 외관도 아주 예쁘다. 단점으로는 꽤 무겁고 쉽게 깨지며, 유약을 바르지 않은 제품이라면 표면에 구멍이 많아서 흙이 훨씬 빨리 마르고, 가격도 매우 높다는 것이다. 테라코타 화분에 돈을 많이 들이고 싶지 않다면, 검소하고 기발한 옛 정원사의 정신으로 직접 재활용하여 화분을 만드는 방법도 있다.

흙을 적당히 담을 수만 있다면 거의 모든 통은 화분으로 사용할 수 있다. 바닥에는 배수구멍이 있어야 하고, 없다면 드릴로 구멍을 뚫거나 플라스틱처럼 얇은 통의 경우는 쪼개지지 않도록 뜨겁게 달군 꼬챙이로 녹여서 구멍을 내야 한다. 그리고 배수가 더 잘되도록 화분 바닥에 깨진 화분 조각이나 작은 돌멩이를 놓은 뒤 화분용 배양토를 넣으면 된다.

상상력을 발휘하여 또 어떤 방법이 있을지 생각해보자.

대형 양동이 철물점이나 DIY 상점, 건축자재 업체에서 판매하는 대형 양동이는 질 좋고 튼튼한 화분이 된다. 보통 까만색이라서 화려한 식물을 돋보이게 한다.

플라스틱 쓰레기통 플라스틱의 장점은 방수가 돼서 테라코타 화분보다 수분을 잘 유지한다는 것이다. 하지만 테라코타만큼 뿌리를 시원하게 유지하지는 못한다.

적재형 수납정리함 사각형 수납박스는 꽤 넓기 때문에 식물을 한 번에 많이 심어서 더 강한 인상을 줄 수 있다.

아연 도금 양동이 정원 없는 정원에 스타일리시하면서도 투박한 멋을 가져다준다. 금속은 쉽게 뜨거워지기 때문에 시원한 그늘에 두는 것이 좋다. 처음부터 양동이에 코팅제를 바르지 않으면 결국엔 녹이 슬 것이다.

낡은 페인트 깡통 남은 페인트 자국을 모두 없애고 내부를 완전히 깨끗하게 씻는다. 반듯한 원통형이라서 모던한 정원 스타일에 잘 어울린다. 아니면 외부를 여러 가지 색이나 패턴으로 칠해서 발랄한 스타일로 바꿀 수도 있다.

라탄 바구니 특유의 멋진 직물 무늬 덕분에 사랑스러운 시골풍 느낌을 낼 수 있다. 안쪽은 비닐로 덧대고, 배수구멍 뚫는 것도 잊지 말자. 그리고 내부에 습기가 차서 식물이 썩지 않도록 화분을 벽돌 위에 올려놓고 바닥과 떨어뜨려 놓아야 한다.

베테랑 정원사의 팁

화분에 담긴 흙은 넓은 땅의 흙보다 훨씬 빨리 마른다. 그러니 더 큰 화분이나 넓은 상자에 식물들을 함께 길러라. 그러면 수분을 좀 더 오래 유지할 수 있어서 물을 계속 주지 않아도 된다.

· 화분 탑 쌓기 ·

화분 위에 화분을 쌓아서 공간을 최소한으로 활용하는 매우 기발한 방법이다. 먼저 커다란 화분에 흙을 담고, 그 위에 그보다 작은 화분을 올려놓는다. 이때 위층의 화분은 아래층 화분의 가장자리 흙을 덮지 않도록 한가운데에 자리를 잡는다. 그리고 같은 방식으로 계속 점점 더 작은 화분을 올리면서 총 5층 탑을 쌓는다. 그런 다음 각 층의 가장자리 흙에 식물을 심으면 된다.

· 전체적인 디자인 고려하기 ·

아주 작은 공간을 관리한다고 하더라도 화분의 디자인과 배치를 생각해야 한다. 어쩌면 이런 경우에 시야가 한 곳에 집중되기 때문에 더욱더 신경 써야 할 것이다. 어떤 점을 고려해야 할지 살펴보자.

식물에 맞는 화분 크기와 모양, 스타일 고르기 모양이나 질감의 대비를 강조할 수 있다. 예를 들어, 투박한 라탄 화분에는 건축적 요소가 있는 식물을 담거나 단색의 일자 화분에는 풍성하고 화려한 시골 정원의 꽃을 심는 것이다.

색 식물과 비슷한 색의 화분을 좋아하는가, 아니면 완전히 대비되는 색을 선호하는가?

분류 예를 들어, 전통적인 라탄 바구니는 현대적인 플라스틱 쓰레기통과 잘 어울리는 짝은 아니다.

배치 키가 큰 화분을 뒤로 보내거나 화분들을 선반에 올려놓는 (204쪽의 '선반 정원'을 참고하라) 방법으로 식물들을 보기 좋게 배치하라.

창가 화단

♦♦♦♦

공간이 아무리 부족해도 지중해 사람들의 열정을 막을 수는 없다. 강렬한 붉은색의 제라늄 꽃(정확하게는 펠라르고늄이다)이 창가 화단이나 발코니를 비집고 나와 쏟아질 듯 자라고 있는 모습은 그리스나 이탈리아, 남부 프랑스 같은 곳에서 흔하게 볼 수 있다.

집 창틀이 화단을 놓을 수 있을 만큼 넓지 않다면 화단 받침대를 따로 벽에 고정해야 한다. 화단에 흙을 채워 바로 식물을 심어도 되고, 아니면 그 안에 작은 화분들을 놓아도 된다.

발코니에 난간이 있다면 화분을 거는 것도 좋은 방법이다. 난간에 걸 수 있도록 고리가 달린 제품을 구매해도 좋지만 직접 만드는 것도 어려운 일은 아니다. 일단 푸딩 그릇처럼 테두리가 튀어나와 있는 화분이 필요하다. 잘 고정되도록 튀어나온 부분 바로 아래에 줄이나 철사를 두 번 감고, 난간에 걸 수 있을 정도로 길게 네 군데에 끈을 남겨놓는다.

위로 시선을 돌리기

◆ ◆ ◆ ◆

좁은 공간을 위한 또 다른 해법은 바로 식물의 성장 공간으로 벽을 이용하는 것이다. 이렇게 하면 사용할 수 있는 면적이 두 배, 세 배, 또는 네 배까지도 늘어날 수 있다.

· 행잉 바스켓 ·

행잉 바스켓이라고 부르는 걸이형 화분은 꽃이 화분 밖으로 주렁주렁 매달려 자라서 보기에 아주 예쁘다. 너무 높게 설치하면 물을 주기 어려우니 유의하고, 수분 유지를 위해 화분 안쪽을 덧대는 것도 잊지 말자.

행잉 바스켓 안쪽에는 보통 물이끼를 붙인다. 하지만 비용을 절약하고 싶다면 결국에는 분해되어 사라지겠지만 낡은 울 소재 스웨터 조각이나 신문지를 이용할 수도 있다.

옛날 옛적에는

물이끼의 치유력은 특유의 흡수성과 살균력 때문에 이미 몇 백 년 전부터 유명했다. 고대 아일랜드 전사들은 상처를 봉하기 위해 물이끼를 사용했었고, 제1차 세계대전 때도 같은 목적으로 사용되었다.

· 선반 정원 ·

벽에 선반 여러 개를 고정하거나 화분 거치용 선반을 세워서 화분을 올려놓을 수 있다. 하지만 공짜로 재활용할 수 있는 방법이 있는데 왜 굳이 돈을 들이겠는가?

작은 나무상자 벽에 고정하여 사용할 수 있다.

안 쓰는 벽돌과 널빤지 몇 장 가장 쉽게 선반을 만들 수 있는 재료로, 별다른 도구 없이도 몇 분 안에 뚝딱 조립할 수 있다. 벽돌에 널빤지를 올리는 방식으로 층을 계속 쌓아가면 된다. 식물이 들어갈 수 있게 널빤지 사이의 공간을 충분히 둬야 한다.

낡은 나무 사다리나 안 쓰는 나무 책장 야외에 둘 경우에는 나무를 보호하기 위해 페인트나 바니시를 바르는 것을 잊지 말자.

철제 선반 주로 창고나 차고에서 사용하는 철제 선반은 현대적이고 도시적인 느낌을 원한다면 좋은 선택이 될 것이다. 철제 역시 보호가 필요하므로 페인트칠해서 사용하고 중간 중간 녹슬지 않았는지 잘 살펴봐야 한다.

· 그린월 ·

식물벽 또는 수직정원이라고도 부르는 그린월(green wall)은 풀이나 화초로 뒤덮인 벽을 말한다. 하나의 덩굴식물이 벽을 타고 올라가는 전형적인 덩굴벽과는 다르게 그린월은 여러 식물 개체의 무리가 모여 높은 건물 벽면을 화려한 무늬로 뒤덮는다. 식물 스스로 만들어냈을 때 가장 멋진 작품이 된다. 그린월은 대기오염을 줄이는 효과가 있고, 전 세계적으로 수많은 건축가와 디자이너의 열광적인 관심을 받고 있다.

우리가 마드리드 도심부의 카이샤 포럼(Caixa Forum) 박물관처럼 수만 가지 식물로 이루어진 24m 높이의 수직정원을 만들 수는 없을 것이다. 하지만 영감은 얻을 수 있다. 원예용품점이나 마트에서 쉽게 구할 수 있는 수직화분을 이용해서 각자 집에 어울리는 형태로 꾸며보자. 벽에 거는 수직화분은 식물 주머니가 줄줄이 붙어 있는 형태로, 마치 문에 걸어 사용하는 옛날식 신발 행거와 비슷하다. 물론 신발 행거가 유용하고 저렴한 대체품이 될 수 있지만, 수직화분으로 나온 제품보다 내구성은 떨어질 수 있다.

또는 격자 울타리나 낡은 나무 팔레트를 벽에 고정해서 화분을 걸 수도 있다.

정원 없는 텃밭

♦♦♦♦

넓은 땅이 없다고 해서 직접 과일과 채소를 기르는 즐거움을 누리지 못하는 건 아니다. 공간 부족으로 재배할 수 있는 작물의 양은 크게 줄어들겠지만 그래도 여전히 가치 있는 일이라는 건 분명하다. 텃밭에서 갓 수확한 작물의 맛을 뛰어넘는 것은 없으며 장식용으로도 훌륭하다. 심지어 어려운 일도 아니다. 과일이든 채소든 결국엔 식물이니까 꽃식물 옆에서 식용식물도 함께 기르면 된다.

발코니나 창가 화단에서 작물을 기를 때의 장점 한 가지는 가까이 붙은 벽이 난방기처럼 낮에는 햇빛을 흡수하고 밤에는 방출하기 때문에 식물에게 아늑하고 따뜻한 환경을 만들어준다는 것이다. 만약 너무 노출된 장소라서 바람이 많이 분다면 가림막을 설치해서 식물에게 편안한 쉼터를 만들어주는 것도 좋다.

크기가 작고 옆으로 퍼지거나 타고 올라가는 식물들이 작은 텃밭에 심기 좋다. 시도해볼 만한 몇 가지 아이디어를 살펴보자.

- 주키니 호박은 열매를 많이 맺는 작물이라서 하나만 심어도 넉넉하게 수확할 수 있다.
- 피망이나 고추, 가지는 크기가 작고 관리하기 쉽지만 따뜻한 환경이어야 하고 지지대도 세워줘야 한다.
- 딸기는 행잉 바스켓이나 화분 탑(200쪽의 '화분 탑 쌓기' 참고)에 심기 딱 좋은 식물이다. 보기에도 예쁘고 잘 자라기도 한다.
- 넝쿨이 아래로 늘어지는 텀블링 토마토 품종은 창가 화단이나 행잉 바스켓에서 키우기 좋다.

✎ 강낭콩은 꽃이 매우 예쁘고 잎이 무성하며 격자 울타리 벽을 빠르게 타고 올라간다. 게다가 멋진 발코니 가림막도 되어줄 것이다.

✎ 호박처럼 땅 위를 기는 식물은 벽도 탈 수 있다.

✎ 빨간색과 노란색의 예쁜 줄기를 가진 근대나 케일은 꽃과 함께 심어도 아주 예쁘다.

✎ 상추 같은 작물은 한 장씩 따 먹을 수 있어서 수확하는 기간에도 예쁜 모양을 유지할 수 있다.

✎ 구스베리나 까치밥나무 같은 과일 떨기나무도 발코니에서 키울 수 있을 만큼 크기가 작은 편이다.

✎ 작은 크기로 개량된 과일나무는 넓은 발코니에 들일 수 있다. 물론 나무의 무게를 견딜 만큼 튼튼한 발코니여야 한다.

텀블링 토마토

이동할 수 있는 격자 울타리에 덩굴식물을 기르면 유용하다. 울타리를 벽에 고정하지 말고 고리를 이용해서 걸어두자. 벽을 페인트칠해야 할 때 울타리와 식물을 조심스럽게 내려놓았다가 칠이 끝난 후 벽에 다시 걸면 된다.

하늘 정원

♦♦♦♦

공간이 부족한 도시 거주자들은 평평한 옥상을 이용해서 정원을 만들기도 한다. 죽은 공간을 활용할 수 있는 매우 기발한 아이디어이지만 신중하게 고려해야 할 문제들이 있다. 무엇을 올리든 무게를 지탱할 만큼 옥상이 튼튼한가, 아니면 보수가 필요한가? 옥상을 정원으로 바꾸는 데 허가가 필요하지는 않은가? 사생활과 안전을 위해 울타리를 설치해야 하는가? 작업을 시작하기 전에 꼭 전문가의 조언을 구하도록 하자.

황량한 아스팔트보다 야생화 풀밭을 보고 싶다면 녹색 지붕이 그 답이 되어줄 것이다. 시중에 나온 제품으로는 세둠 등 여러 종류의 식물이 파종된 매트의 형태가 있다. 직접 설치할 수 있는 것도 있지만 전문가의 손길이 필요한 제품도 있다. 녹색 지붕을 설치하면 보기에도 예쁘고 건물의 단열 효과도 얻을 수 있다.

잔디 지붕은 몇 백 년 전부터 농촌 지역에서 사용되던 지붕의 형태다. 스칸디나비아 반도에서는 바이킹 시대보다 훨씬 이전부터 잔디 지붕을 사용했다. 아일랜드의 시골집 지붕은 잔디로 안을 가득 채우고 그 위를 짚으로 덮은 모양이고, 아일랜드에서 가장 오래된 녹색 지붕은 기원전 3200년경의 뉴그레인지(New Grange)라는 신석기시대의 무덤으로 알려져 있다.

공용 정원

♦ ♦ ♦ ♦

이 세상을 초목의 싱그러움으로 바꿀 수 있는 기회는 조금만 둘러보면 우리 주위 어디에나 존재한다.

· 게릴라 가드닝 ·

거리를 한번 둘러보라. 나무 아래의 맨땅이나 주택가 앞에 길게 나 있는 아무도 관심 없는 땅처럼 미니 정원으로 바꿀 수 있는 작은 공간들이 보이지 않는가? 마치 원예운동가라도 된 것처럼 단숨에 돌진하여 씨를 뿌리고 식물을 심어보자. 모두를 위해 마을을 가꾸다 보면 이웃들도 이 모험을 함께하고 싶어질 것이다.

· 시민농장 ·

운 좋게 집에 정원이 있다고 할지라도, 시민농장을 가꾼다는 건 완전히 색다르고 특별한 일이다. 식량을 직접 재배한다는 극도의 만족감은 물론이고, 공간 자체와 '모든 것에서 벗어나는' 기분이 새롭게 느껴진다. 현재 시민농장에 참여하고 있지 않다면 대기 명단에 이름을 올려놓자. 기다림의 가치가 충분할 것이다. (5장 '텃밭 정원'의 '시민농장' 부분도 참고하라.)

· 쿠바의 수도 아바나의 도시농업 ·

다리 위 정원, 도시농장, 유기농 집단농장 등 세계 곳곳의 도시인들은 저마다 마을을 녹지화하는 창의적인 방법을 찾아냈다. 하지만 그중에서도 특히 흥미로운 사례가 있다.

20세기 중반 냉전시대의 쿠바는 구소련의 지원에 전적으로 의지하고 있었고 동시에 미국의 수출 금지 대상이 되었다. 그 후 구소련이 붕괴하자 쿠바 경제는 곤두박질쳤고 농업 생산량이 급격히 떨어져 심각한 식량 부족난을 겪게 되었다. 무언가 해야만 했던 그들은 결국 답을 찾았다. 경제 붕괴의 잿더미에서 농업이라는 불사조가 되살아났다. 그 결과 풍부한 지혜와 자립정신, 생존력, 그리고 지속가능성의 훌륭한 본보기가 된 아바나의 도시농업이 탄생하게 된 것이다.

쿠바 정부의 적극적인 지원으로 도시 거주자들은 버려진 공간을 청소하고 작은 농장으로 가꾸어 직접 식량을 재배하기 시작했다. 쓰레기나 잔해들이 나뒹굴던 곳은 농작물이 말끔히 줄을 맞추고 서 있는 공간으로 탈바꿈했다. 높게 솟은 건물 아래 땅이나 무너져가는 집들 사이에 꽉 들어찬 밭에서 온갖 종류의 채소와 과일이 무성하게 자라났다. 나라가 운영하는 집약농업이 일반적이었던 이곳에서 이제 평범한 시민들이 서로 힘을 합쳐 직접 농산물을 생산하고 있는 것이다.

하지만 여전히 가난했던 아바나 시민들은 구소련 시대에나 접할 수 있었던 화학 비료, 화학 살충제, 제초제를 살 수가 없어 유기농법으로 재배해야만 했다.

아바나에서 일어난 일은 '옛 정원사'들이 추구했던 모든 가치를 함축하고 있다. 낭비하지 않으면 부족할 일도 없다. 돈을 절약하자. 현실적으로 접근하고 상식을 적용하자. 재활용할 수 있다면 버리지 말자. 다른 사람에게서 배우고 또 나의 지식도 나누어주자. 그리고 마지막으로, 자연을 존중하자.

식물 학명에 대해

식물 이름은 까다로울 때가 많은데, 사람들이 흔하게 부르는 일반명은 특히 더 혼란스러울 수 있다. 일반명은 나라마다 다르기도 하지만, 어떤 경우는 지역에 따라서 달라지기도 한다. 시골 지역에서는 종종 그 식물의 닮은꼴을 따라 이름을 지었고, 그래서 더 독특하고 매력적인 이름이 탄생했다. 그 누가 '할머니의 모자(매발톱)'나 '성모 마리아의 망토(알케밀라)' 같은 꽃 이름을 싫어하겠는가? '안개 속의 사랑(니겔라)', '가짜 염소 수염(노루오줌)', '양치기의 지갑(냉이)'이라는 별명에 흥미를 느끼지 않을 수 있겠는가? 약초의 경우에는 그 식물이 치료해준다고 믿었던 질병과 관련지어 별명을 붙이곤 했다. 예를 들어, '뼈붙이풀'은 부러진 뼈를 고쳐준다고 믿었다.

식물의 이름이라는 복잡한 덤불을 헤쳐나가기 위해서는 과학적으로 접근하는 방법밖에 없다. 1758년, 스웨덴의 식물학자이자 동물학자 그리고 의사였던 칼 린네(Carl Linnaeus)는 자연계를 분류하는 시스템을 고안해냈고, 이는 오늘날까지도 사용되고 있다. 라틴어와 고대 그리스어를 사용하여 그 생물이 속한 큰 그룹을 칭하는 '속명'과 같은 속의 다른 생명체들과 구분할 수 있는 '종명'을 결합하여 이름을 부여하는 방식이다. (예를 들어, 호모 사피엔스(*Homo sapiens*)의 '호모'는 사람을, '사피엔스'는 지혜를 뜻한다.) 그리고 어떠한 속에 속한 모든 종을 언급할 때는 'spp.'라는 약자를 써서 표현한다.

이 책에서 나온 일반명이나 별명 중에서 덜 친숙한 이름 위주로 학명을 정리했다.

갓 *Brassica juncea*

개박하 *Nepeta spp.*

개장미 *Rosa canina*

고광나무 *Philadelphus virginalis*

굿킹헨리 *Blitum bonus-henricus*

금어초 *Antirrhinum spp.*

금잔화 *Calendula officinalis*

꽃사과 *Malus spp.*

냉이 *Capsella bursa-pastoris*
노랑너도바람꽃 *Eranthis spp.*
노루오줌 *Astilbe arendsii*
니겔라 *Nigella damascena*

담배 *Nicotiana spp.*
데임스로켓/스위트로켓 *Hesperis matronalis*
둥굴레 *Polygonatum spp.*
등대풀 *Euphorbia amygdaloides*

락스퍼 *Consolida spp.*
렁워트(풀모나리아) *Pulmonaria officinalis*
루 *Ruta graveolens*

만수국 *Tagetes patula*
만수국아재비 *Tagetes minuta*
매발톱 *Aquilegia spp.*
메도스위트 *Filipendula ulmaria*
메밀 *Fagopyrum esculentum*

미나리아재비 *Ranunculus spp.*

밤향 스토크 *Matthiola longipetela*

버드나무 *Salix spp.*

버들마편초 *Verbena bonariensis*

베토니 *Stachys* (또는 *Betonica*) *officinalis*

병꽃풀 *Glechoma hederacea*

부들레이아 *Buddleia* (또는 *Buddleja*) *davidii*

붉은토끼풀 *Trifolium pratense*

비누풀 *Saponaria officinalis*

서양톱풀 *Achillea millefolium*

세이지 *Salvia officinalis*

수염패랭이꽃 *Dianthus barbatus*

시홀리 *Eryngium maritimum*

쑥 *Artemisia vulgaris*

쑥국화 *Tanacetum vulgare*

아주가 *Ajuga spp.*

알케밀라 *Alchemilla mollis*

에키네시아 *Echinacea spp.*

월계귀룽나무 *Prunus laurocerasus*

월저맨더 *Teucrium chamaedrys*

자주개자리 *Medicago sativa*

절굿대 *Echinops spp.*

주황조밥나물 *Pilosella aurantiaca*

질경이 *Plantago spp.*

처빌 *Anthriscus cerefolium*

카우슬립 앵초 *Primula veris*

캄파눌라 메디움 *Campanula medium*

캐모마일 *Chamaemelum nobile*

커민 *Cuminum cyminum*

컴프리 *Symphytum officinale*

코스트마리 *Tanacetum balsamita*

클라리세이지 *Salvia sclarea*

토끼풀 *Trifolium repens*

펜넬 *Foeniculum vulgare*

향쑥 *Artemisia absinthium*

현삼 *Scrophularia spp.*

호밀 *Secale cereale*

호어하운드 *Marrubium vulgare*

히솝 *Hyssopus officinalis*

찾아보기

정원을 가꾸는 오래된 지혜

초판 인쇄 2022년 4월 20일
초판 발행 2022년 4월 25일

지은이 다이애나 퍼거슨
옮긴이 안솔비
펴낸이 조승식
펴낸곳 돌배나무
공급처 북스힐
등록 제2019-000003호
주소 서울시 강북구 한천로 153길 17
전화 02-994-0071
팩스 02-994-0073

홈페이지 www.bookshill.com
이메일 bookshill@bookshill.com

정가 15,000원
ISBN 979-11-90855-33-4 03520